AF368774

The Science of Light and Matter: Delving into the Realm of Photochemistry

Jacob

Copyright © 2024 by Jacob

All rights reserved. No part of this book may be reproduced in any manner
whatso-ever without written permission except in the case of brief
quotations
embodied in critical articles and reviews.

First Printing, 2024

Capítulo 1
Introducción

1.1. Aspectos teóricos

La fotoquímica es la ciencia derivada de la química en la que se estudia la interacción de luz con átomos y moléculas pequeñas. Para que esto sea posible estos átomos o moléculas han de absorber luz en primer lugar, gracias a los cromóforos que son los grupos funcionales principales responsables de la actividad fotoquímica.

Los cromóforos poseen orbitales moleculares, resultado del solapamiento de orbitales atómicos s y p. Estos orbitales se clasifican en enlazantes (σ o π), antienlazantes (σ^* o π^*) y no enlazantes (n). En la mayoría de moléculas orgánicas la capa electrónica se encuentra llena, siendo el orbital molecular ocupado de más energía (HOMO) de tipo enlazante o no enlazante. Tras excitar la molécula se produce la transición de un orbital HOMO a un LUMO (orbital molecular de menor energía), que suele ser un orbital antienlazante, derivando en una especie inestable.

Las excitaciones más frecuentes son:

$\pi \rightarrow \pi^*$, propio de alquenos, alquinos y moléculas aromáticas;

$n \rightarrow \pi^*$, propio de compuestos con carbonilos, tiocarbonilos, nitro, azo y grupos imino;

$n \rightarrow \sigma^*$, propio de aminas, alcoholes y haloalcanos.

Cada electrón en una molécula lleva un momento de spin angular con un spin cuántico de s = 1/2, que puede tener dos orientaciones:

- Espín arriba ↑ o α ($m_s = +1/2$).

- Espín abajo ↓ o β ($m_s = -1/2$).

El momento angular de espín total de una molécula se representa mediante el número cuántico de espín total S, que es la suma vectorial del número cuántico de giro de electrones.

Si los espines son opuestos, la suma es 0, si son paralelos es 1. La multiplicidad de espín se da por 2S+1.

En el estado electrónico basal de la mayoría de las moléculas orgánicas los electrones están apareados, así que S=0 y la multiplicidad es 1. Esta condición se llama estado singlete y se conoce como S_0.

Por tanto, una molécula en un estado superior excitado tenderá a volver a su estado fundamental y la energía absorbida será utilizada para producir algún cambio en su estructura como un cambio fotoquímico o por el contrario busque otra forma de perder la energía y volver al estado fundamental mediante un proceso fotofísico.

Estos procesos fotofísicos se dividen en tres tipos:

- Radiativos: aquel que consiste en la vuelta al estado fundamental mediante la emisión de una radiación electromagnética.
- No radiativos: cuando la vuelta al estado fundamental no tiene asociada la emisión de radiación.

- Quenching (desactivación molecular): se desactiva por la colisión con otra molécula.

Las transiciones pueden estar permitidas o prohibidas por la regla de selección de espín. Las transiciones permitidas, son aquellas cuyo $\Delta S=0$, por otro lado, las prohibidas son aquellas cuyo $\Delta S\neq 0$. Sin embargo, gracias al acoplamiento entre movimiento electrónico y nuclear hay transiciones prohibidas que se dan, aunque de forma más débil.

Los procesos radiativos principales son los siguientes:

- Absorción (A): La absorción de radiación electromagnética depende de cada cromóforo y de su coeficiente de absorción molar (ε) asociado y de la longitud de onda (λ) a la que este absorbe. Esta absorción excita los electrones de la molécula a niveles energéticos superiores. Transición permitida, escala de tiempo muy rápida.
- Fluorescencia (F): se produce la emisión de la energía absorbida en forma de radiación desde un estado S_n al estado basal S_0.

    $S_n \rightarrow h\nu + S_0$. Transición fuertemente permitida.
- Fosforescencia (P): se produce la emisión de la energía absorbida desde un estado excitado a un estado basal distinto del excitado. Esta emisión prohibida por la regla del espín, con una escala de tiempo entre milisegundos y picosegundos.

Los procesos no radiativos son:

- Conversión interna (CI): la energía se libera desde un estado electrónico excitado a uno de su misma multiplicidad. Es una transición permitida.

- Cruce intersistemas: la energía se libera desde un estado electrónico excitado a uno de distinta multiplicidad.

- Relajación vibracional: paso de un nivel vibracional a otro de menor energía.[1]

Por último, el proceso de desactivación o *quenching* consiste en la desactivación de la molécula excitada se lleva a cabo con otra molécula llamada *"quencher"*. Este proceso bimolecular es seguido por la disminución de la concentración de molécula excitada.

Tabla 1.1. Tiempos medios de procesos fotofísicos y diagrama simplificado de Jablonski

Proceso Fotofísico	Tiempo (s)
Absorción (A)	10^{-15}
Relajación Vibracional	10^{-12}-10^{-10}
Tiempo de vida del estado excitado S_1 (F)	10^{-10}-10^{-7}
Conversión Interna (CI)	10^{-11}-10^{-9}
Cruce Intersistemas (CIS)	10^{-10}-10^{-8}
Tiempo de vida del estado excitado T_1 (P)	10^{-10}-10^{-5}

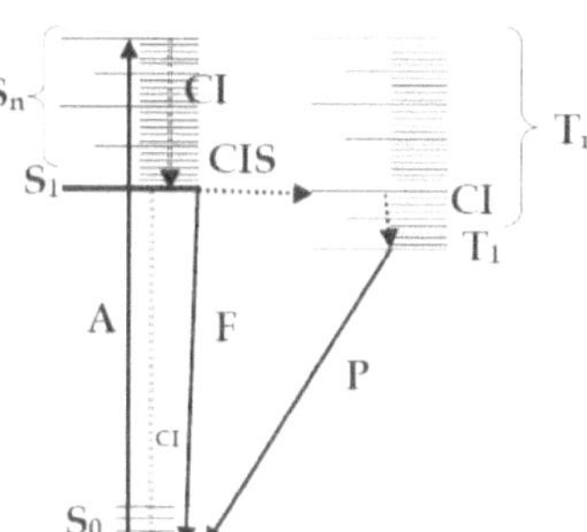

1.1.1. Procesos fotoinducidos

Consiste en los procesos que se pueden dar cuando un cromóforo absorbe luz con otro cromóforo que no la abasorbe presente en su medio. Los procesos son los siguientes,

---

[1] R. A. Larson; E. J. Weber, *Reaction Mechanisms in Environmental Organic Chemistry*; Lewis Publishers: Boca Raton, Florida, **1994**.

transferencia electrónica de energía (TEn), transferencia de electrones (TE), formación de exciplejos (EX), transferencia de protones (TP) o formación de excímeros (EXC).

- *Transferencia electrónica de energía (TEn)*

La transferencia electrónica de energía (TEn) definida por la IUPAC como el proceso fotofísico en el que un estado excitado de una entidad molecular (donante, D) se desactiva a un estado más bajo mediante la transferencia de energía a una segunda entidad molecular (aceptor, A) que de este modo se eleva a un estado de energía superior. Por lo tanto, la reacción se puede escribir de la siguiente manera:

$$D + A \xrightarrow{hv} D^* + A \rightarrow D + A^*$$

donde el donante inicialmente excitado D^* transfiere energía a una molécula aceptora adecuada (A) con niveles de energía cercanos o por debajo del nivel de energía del donante. Esto da como resultado la extinción simultánea de D^* y la excitación de A. La especie A^*, excitada indirectamente, puede sufrir diversos procesos fotoquímicos y fotofísicos; los cuales son conocidos como procesos fotosensibilizados.

Esta transición puede ser de dos tipos, si no hay cambio en la multiplicidad de espín de D y A, será singlete-singlete o si hay cambio en la multiplicidad de D será triplete-triplete.

Este proceso se llevará a cabo si la energía del estado excitado de D es superior a la de A (Ecuación 1.1), y el tiempo de vida del estado excitado es lo suficientemente largo para que pueda reaccionar.

$$\Delta G \approx \Delta H = E_D^* - E_A^* \qquad \text{Ecuación 1.1}$$

siendo ΔG el incremento de energía libre del proceso, E_D^* la energía del estado excitado del dador y E_A^* la energía del estado excitado del aceptor.

Estos procesos siguen dos tipos de mecanismos: *coulómbico* (tipo Förster), o *intercambio electrónico* (tipo Dexter).[2] El tipo Föster implica interacciones dipolo-dipolo y actúa a largas distancias (de hasta 100 Å). Por otro lado, el tipo Dexter requiere un solapamiento efectivo entre los orbitales del dador y el aceptor, dándose a distancias cortas (menores de 10 Å). En la Figura 1.1 se muestra esquemáticamente el mecanismo de estos procesos.

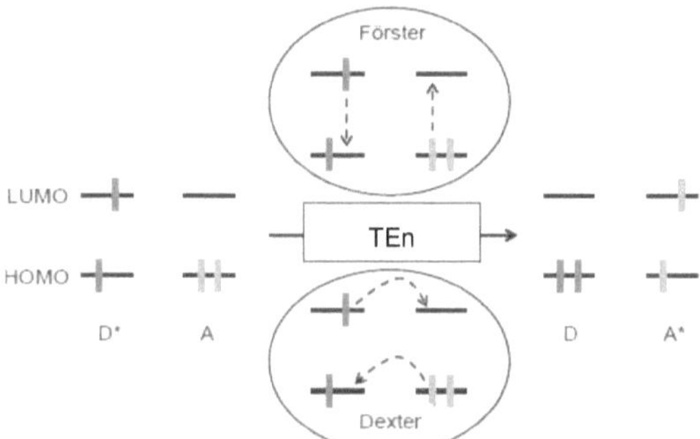

Figura 1.1. Mecanismos de transferencia de energía. Fuente: Fotoquímica de compuestos heteroaromáticos tricíclicos en medios biomiméticos, Daniel Limones Herrero

---

[2] S. Speiser, *Chem. Rev.* **1996**, *96*, 1953.

- *Transferencia electrónica (TE) y formación de exciplejos (EX)*

La transferencia electrónica (TE), consiste en la cesión de un electrón en su estado excitado a otra molécula en su estado fundamental. Si lo que se forma es un complejo en el estado excitado por la interacción entre un cromóforo en su estado excitado (D^*) y otro cromóforo distinto en su estado fundamental (A) que posee carácter de carga parcial en cada cromóforo y un elevado momento dipolar, esto se conoce como exciplejo (EX).

Este par iónico radicalario generado por la TE se estabiliza en disolventes polares, mientras que en apolares está favorecida la formación de EX (Figura 1.2). Mediante fluorescencia es posible detectar los exciplejos.

$$D + A \xrightarrow{h\nu} \begin{matrix} D^* + A \\ \acute{o} \\ D + A^* \end{matrix} \xrightarrow{k_{Te}} D^{+\cdot} + A^{-\cdot}$$

$$\downarrow k_{ex}$$

$$\overset{\delta^+ \quad \delta^-}{(D + A)^*}$$

Figura 1.2. Mecanismo de transferencia electrónica

La termodinámica de estos procesos se puede determinar haciendo uso de la ecuación de Rehm-Weller[3, 4] (Ecuación 1.2).

$$\Delta G = E_{ox} - E_{red} - E_{0-0} + C \qquad \text{Ecuación 1.2}$$

[3] D. Rehm; A. Weller, *Isr. J. Chem.* **1970**, *8*, 259.

[4] A. Z. Weller, *Phys. Chem.* **1982**, *133*, 93.

siendo ΔG la variación de la energía libre del proceso, E_{ox} y E_{red} los potenciales de oxidación y reducción en el estado fundamental de D y A, E_{0-0} es la energía del estado excitado implicado, y C es el término *coulómbico* que tiene en cuenta la estabilización de las especies generadas en el disolvente empleado.

-   *Transferencia de protón fotoinducida (TP)*

En la transferencia de protón fotoinducida (TP), el D transfiere un protón al A. Este proceso puede ocurrir indistintamente por excitación de D o de A.

$$DH - A -\xrightarrow{h\upsilon} DH^* - A -\xrightarrow{k_{TP}} D^- - AH^+$$
$$o\ bien$$
$$DH - A -\xrightarrow{h\upsilon} DH - A^* -\xrightarrow{k_{TP}} D^- - AH^+$$

Figura 1.4. Proceso de transferencia de protón, bien por excitación del dador o del aceptor

-   *Formación de excímero (EXC)*

Un excímero (EXC) es un complejo que se forma entre un cromóforo en su estado excitado con otro cromóforo idéntico en su estado fundamental. Al igual que los EXs, los EXCs también se pueden detectar utilizando la técnica de fluorescencia.[5, 6] En los EXCs no existe una separación de carga como ocurre con los exciplejos, por lo que tienen propiedades electrónicas iguales.

---

[5] J. B. Birks, *Ber. Bunsen-Ges. Phys. Chem.*; Wiley: New York, **1970**.

[6] J. B. Birks; L. G. Christophorou, *Nature* **1962**, 194, 442.

$$2C \xrightarrow{h\upsilon} C^* + C \xrightarrow{k_{EXC}} (C-C)^*$$
$$h\upsilon' \downarrow \qquad\qquad h\upsilon'' \downarrow$$
$$C \qquad\qquad\qquad C + C$$

Figura 1.5. Proceso de formación de excímero para un cromóforo C.

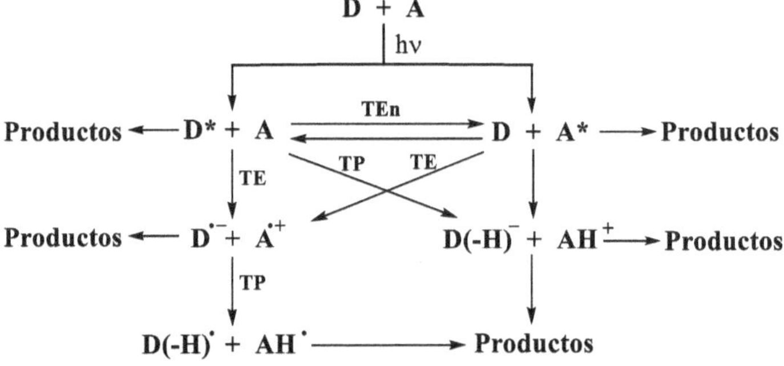

Figura 1.6. Procesos fotofísicos encadenados.

El estudio de los procesos mencionados en este apartado es fundamental para el desarrollo de esta tesis, permitiendo recabar datos de los distintos estados y procesos fotoquímicos observados.

1.2. Interacción anfitrión-huésped

La química supramolecular se define tradicionalmente como la rama de la química que se preocupa del estudio de las interacciones no covalentes entre una molécula denominada anfitrión y una molécula denominada huésped.[7] Este concepto se muestra esquemáticamente en la Figura 1.7. Actualmente, engloba además conceptos más amplios como los dispositivos y máquinas moleculares,[8, 9] reconocimiento molecular,[10] autoensamblaje,[11, 12] autoorganización y sobre todo la nanoquímica.[7]

Figura 1.7. Esquema de la unión entre una molécula anfitrión y una molécula huésped. Fuente: Proteïnes com a microreactors en fotoquímica supramolecular, Mireia Marín i Melchor

Un sistema supramolecular es el resultado de muchas interacciones entre las cuales se incluyen los puentes de hidrógeno, interacciones hidrofóbicas, coordinación metal-ligando, interacciones ion-ion, ion-dipolo o anión/catión-π.[7] De esta manera, estos sistemas supramoleculares presentan unas propiedades diferentes respecto a la suma de propiedades individuales de cada componente.[13, 14] En esta tesis doctoral se ha centrado la

[7] J. W. Steed, J. L. Atwood, *Supramolecular Chemistry*, 2nd ed., John Wiley & Sons, Ltd, **2009**.

[8] V. Balzani, M. Gomez-Lopez, J. F. Stoddart, *Acc. Chem. Res.* **1998**, *31*, 405.

[9] W. R. Browne, B. L. Feringa, *Nat. Nanotechnol.* **2006**, *1*, 25.

[10] J. Rebek, Jr, *Science* **1987**, *235*, 1478.

[11] F. M. Menger, *Proc. Natl. Acad. Sci.U.S.A.* **2002**, *99*, 4818.

[12] G. M. Whitesides, B. Grzybowski, *Science* **2002**, *295*, 2418.

[13] S. Koodanjeri, A. R. Pradhan, L. S. Kaanumalle, V. Ramamurthy, *Tetrahedron Lett.* **2003**, *44*, 3207.

atención principalmente en las relaciones anfitrión-huésped dadas entre un sustrato y las albúminas séricas.

La relación anfitrión-huésped más simple es la unión no covalente entre moléculas (también conocidas como complejos). Normalmente, el papel de anfitrión lo constituye una molécula grande como en este caso una proteína o enzima. El huésped, por el contrario, es una molécula más pequeña como por ejemplo cationes, aniones o moléculas neutras, también moléculas más complejas, como una hormona, una feromona o un neurotransmisor. [7][15] Sitios de unión complementarios como bases de Lewis frente a ácidos de Lewis, dadores frente aceptores de puentes de hidrógeno, etc., favorecen la interacción.[7,15,16]

- *Reconocimiento molecular y selectividad*

Una de las relaciones no covalentes entre huésped y anfitrión más significativa es el reconocimiento molecular. Una enzima para llevar a cabo su actividad ya sea hidrolizando o formando ésteres, debe reconocer antes los sustratos susceptibles de sufrirla. Este reconocimiento, que se produce en la cavidad del anfitrión, inicialmente involucra interacciones no covalentes, electrostáticas, estéricas, etc. Procesos como el transporte mole-

---

[14] R. Q. Xie, Y. C. Liu, X. G. Lei, *Res. Chem.Intermed.* **1992**, *18*, 61.

[15] E. P. Kyba, R. C. Helgeson, K. Madan, G. W. Gokel, T. L. Tarnowski, S. S. Moore, D. J. Cram, *J. Am. Chem. Soc.* **1977**, *99*, 2564.

[16] D. J. Cram, *Angew. Chem. Int. Ed.* **1988**, *27*, 1009.

cular, el procesamiento de la información genética o ensamblaje de proteínas tienen como objetivo realizar una función específica.[7, 17]

- *Constantes de unión*

La constante de afinidad o de unión, conocida como K_B,[7] evalúa la estabilidad termodinámica de un complejo *anfitrión-huésped* en un disolvente y temperatura determinados. Por ejemplo, para un complejo 1:1 se puede definir una constante de unión genérica con la Ecuación 1.3.

$$A + C \rightarrow A@C$$

$$K_B \frac{[A@C]}{[A] \cdot [C]} \qquad \text{Ecuación 1.3}$$

Así, la estequiometría de los complejos y la constante de afinidad se pueden determinar mediante parámetros matemáticos conocidos como por ejemplo el método de Job[17] o Benesi-Hildebrand[18] a partir de técnicas como: diálisis, dicroísmo circular, ultracentrifugación, fluorescencia, ultrafiltración, cromatografía líquida, difusión de RMN, calorimetría, electroforesis capilar, espectrofotometría de absorción, etc.

- *Procesos fotoquímicos*

Las reacciones fotoquímicas representan una herramienta importante y alternativa en la química sintética moderna. Al involucrar estados excitados, en numerosos casos se ob-

---

[17] H. J. Schneider, A. K. Yatsimirsky, *Chem Soc Rev.* **2008**, *37*, 263.

[18] H. A. Benesi; J. H. Hildebrand, *J. Am. Chem. Soc.* **1949**, *71*, 2703.

tienen productos que a menudo son inaccesibles a partir de reacciones térmicas. Sin embargo, muchas veces no es fácil predecir y controlar el resultado en disolución homogénea ya que las moléculas tienen un comportamiento relativamente caótico. Por lo tanto, para explotar las reacciones fotoquímicas como método sintético se debe de controlar la distribución y el rendimiento de los fotoproductos actuando sobre las condiciones experimentales (como la temperatura, el disolvente, las concentraciones, etc.).

Desde este punto de vista, la fotoquímica supramolecular es una estrategia muy atractiva en la que la combinación de las fuerzas intramoleculares eléctricas y magnéticas entre un sustrato y la entidad supramolecular ofrece la oportunidad de controlar el desarrollo de nuevas reacciones fotoquímicas y de desarrollar con otras perspectivas las reacciones clásicas. Así pues, la restricción espacial generada por la estructura tridimensional de una cavidad supramolecular puede canalizar la fotorreacción hasta un único fotoproducto. En este sentido, las reacciones fotoquímicas en medios organizados sintéticos han sido ampliamente analizadas mientras que los estudios en medios biológicos son escasos. Por tanto, en la presente tesis doctoral nos centraremos en las reacciones fotoquímicas en el interior de las albúminas séricas.

- *Fotorreactividad en albúminas séricas*

Algunos de los trabajos publicados en este campo son: la fotodescomposición del binaftol[19], la fotodeshalogenación del carprofeno,[20] la fotociclación de la bilirrubina,[21] las

---

[19] A. Ouchi, G. Zandomeneghi, M. Zandomeneghi, *Chirality* **2002**, *14*, 1.

fotoisomerizaciones de la colchicina,[22] la fotodescarboxilación del ketoprofeno,[23, 24] la fotooxidación del antraceno[25] y la fotodimerización del ácido antraceno-2-carboxílico en presencia de la albúmina sérica humana y/o bovina.[26, 27, 28]

Todos estos ejemplos muestran la encapsulación del sustrato en los sitios de unión o cavidades donde se llevan a cabo las reacciones que de otro modo no tendrían lugar, influyendo en la enantio o estereodiferenciación de reacciones y favoreciendo también la formación de unos fotoproductos de manera predominante frente a otros.

En nuestro grupo de investigación, se ha estudiado la fotofísica y fotoquímica del carprofeno (CPF) en albúmina sérica humana.[20] Se observó una estereodiferenciación en el proceso de deshalogenación del (R)-CPF y del (S)-CPF encapsulados en albúmina sérica humana siendo la formación del fotoproducto de irradiación (carbazol, figura 1.8) más eficiente para el enantiómero (S)-CPF.

---

[20] V. Lhiaubet-Vallet, F. Bosca, M. A. Miranda, *J. Phys. Chem. B* **2007**, *111*, 423.

[21] A. F. McDonagh, G. Agati, F. Fusi, R. Pratesi, *Photochem. Photobiol.* **1989**, *50*, 305.

[22] P. Bartovsky, R. Tormos, M. A. Miranda, *Chem. Phys. Lett.* **2009**, *480*, 305.

[23] S. Monti, I. Manet, F. Manoli, R. Morrone, G. Nicolosi, S. Sortino, *Photochem. Photobiol.* **2006**, *82*, 13.

[24] S. Monti, I. Manet, F. Manoli, S. Sortino, *Photochem. Photobiol. Sci.* **2007**, *6*, 462.

[25] R. Alonso, M. C. Jiménez, M. A. Miranda, *Org. Lett.* **2011**, *13*, 3860.

[26] M. Nishijima, T-. C. S. Pace, A. Nakamura, T. Mori, T. Wada, C. Bohne, Y. Inoue, *J. Org. Chem.* **2007**, *72*, 2707.

[27] M. Nishijima, T. Wada, T. Mori, T. C. S. Pace, C. Bohne, Y. Inoue, *J. Am. Chem. Soc.* **2007**, *129*, 3478.

[28] T. C. S. Pace, M. Nishijima, T. Wada, Y. Inoue, C. Bohne, *J. Phys. Chem. B* **2009**, *113*, 10445.

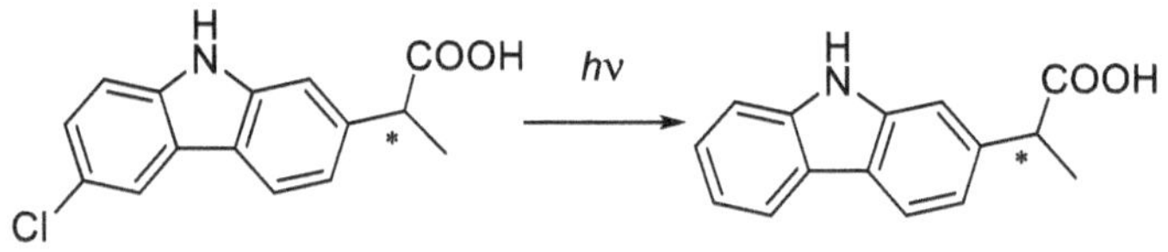

Figura 1.8. Esquema la fotodeshalogenación del carprofeno.

También se estudió en el grupo la fotooxidación de un derivado aril propiónico del antraceno en el interior de varias proteínas.[25] Se detectó una esterodiferenciación de las
especies transitorias entre los enantiómeros R y S del sustrato en presencia de proteína,
siendo más clara en presencia de albúmina sérica humana en comparación con el resto.
Se demostró que este derivado de antraceno tenía preferencia por el sitio de unión II de
la albúmina sérica humana, donde la fotooxidación del sustrato se producía de forma más
lenta en el interior de proteínas que en disolución, dado que la proteína protege el sustrato del ataque del $^1O_2$.

1.3. Proteínas

De todas las macromoléculas presentes en los organismos vivos, las proteínas son de las
más abundantes. Exhiben una gran variabilidad y funcionalidad mediante las cuales
desarrollan acciones fundamentales para la vida, actuando como enzimas, hormonas,
anticuerpos, receptores o como vehículo de transporte de diversas sustancias, tanto endógenas como exógenas.[29]

---

[29] G. C. Barrett; J. S. Davies, *Royal Society of Chemistry: Cambridge*, **2004**; Vol. 34

Las proteínas están formadas por cuatro niveles estructurales. La estructura primaria consiste en una combinación lineal de aminoácidos unidos por enlaces peptídicos. La estructura secundaria es la responsable del esqueleto proteico plegándose mediante enlaces de hidrógeno formando los distintos motivos estructurales, como son la hélice alfa y la lámina beta. La estructura terciaria por otro lado es la responsable del pliegue de la cadena polipeptídica en el espacio mediante puentes disulfuro, de hidrógeno, interacciones iónicas o hidrofóbicas, este pliegue es el responsable de los distintos dominios de la proteína. Por último, la estructura cuaternaria viene dada por la disposición de las cadenas polipeptídicas, formando un multímero.

Debido a estas estructuras y su conformación, se da una disposición geométrica que forma el conocido sitio de unión o centro activo de la proteína. Este centro activo es donde la proteína desarrolla sus funciones[30] y posee una disposición tridimensional distinta del resto de la proteína.[31] Las interacciones principales que se dan en el centro activo son de naturaleza iónica, por enlace de hidrógeno o van de Waals. En la Figura 1.9 se muestra de forma esquemática la interacción entre un sustrato y el sitio de unión de la proteína.

---

[30] G. Petsko; D. Ringe, **2003**. *Protein Structure and Function.* Blackwell Publishing

[31] C. Branden; J. Tooze, **1999**. *Introduction to Protein Structure.* Taylor and Francis eds.

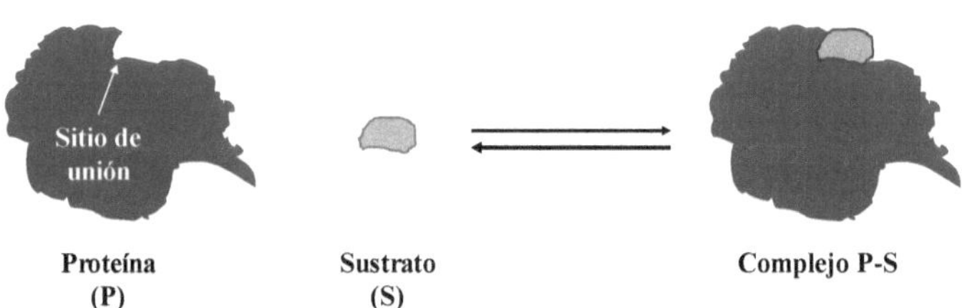

Figura 1.9. Esquema de la formación de un complejo proteína-sustrato (P-S).

Debido a su gran funcionalidad, existen muchos tipos de proteínas que interaccionan con una gran variedad de sustratos como iones metálicos, vitaminas, ácidos grasos, fármacos, etc. En lo que respecta a esta tesis doctoral, cobra especial relevancia las proteínas que interaccionan con fármacos, conocidas como dianas farmacológicas. En este grupo se encuentran los receptores farmacológicos, enzimas y las proteínas transportadoras.[32]

Los receptores farmacológicos (Figura 1.10.A) son macromoléculas de naturaleza proteica, situadas en la membrana celular o intracelularmente, en las que el fármaco desarrolla su acción al interaccionar en el centro activo de éstas. Las interacciones que se dan entre el fármaco y el receptor son generalmente lábiles y reversibles. Los tipos de receptores más importantes son los asociados a proteínas G, receptores con actividad enzimática intrínseca y receptores que regulan la transcripción génica. Al interaccionar fármaco y receptor se desencadena un cambio configuracional, originando una respuesta funcional en la célula que es lo que se conoce como efecto farmacológico. La contracción o relajación de un músculo, el aumento o inhibición de la secreción de una glándula, la

---

[32] T. Peters, *Adv. Protein Chem.* **1985**, *37*, 161.

apertura o bloqueo de un canal iónico, las variaciones del metabolismo celular, la activación de enzimas y proteínas intracelulares o inhibición de estas son algunos ejemplos del efecto farmacológico. La forma de actuar de algunos fármacos consiste en la modificación de las reacciones celulares por la interacción del fármaco sobre los receptores, como son la ciclooxigenasa, objetivo de los antinflamatorios no esteroideos o la fosfolipasa A2 que se inhibe por los glucocorticoides.

Las enzimas (Figura 1.10.B), de naturaleza proteica, catalizan procesos biológicos.[33] [34] La mayoría de reacciones químicas del metabolismo celular se realizan gracias a su acción, incrementando la velocidad de los procesos químicos de forma específica.[33] Algunos ejemplos de los mismos son los citocromos P450 (fase 1) o la uridino difosfoglucuronosiltranferasa, UDPGT (fase 2). Por ejemplo, los fármacos son metabolizados mediante dos tipos de reacciones, conocidas como las reacciones de fase 1 y de fase 2. Las de fase 1 son cambios simples que convierten o añaden al fármaco grupos funcionales más reactivos donde implica reacciones de oxidación, reducción o hidrólisis. Por otro lado, la fase 2 consiste en la inactivación del fármaco y favorecer su eliminación del organismo. Así, las enzimas de fase 2 aprovechan las reacciones de fase 1 añadiendo un sustituyente mayor, como por ejemplo el glucuronilo generado por la UDPGT. Se forma el glucurónido del fármaco que es un metabolito poco liposoluble, favoreciendo la eliminación renal o biliar.

---

[33] H. Yamada; S. Shimizu, *Angew. Chem. Int. Ed. Eng.* **1988**, *27*, 622.

[34] C. H. Wong, *Science* **1989**, *244*, 1145.

Por último, tenemos las proteínas transportadoras que son aquellas que por su afinidad y facultad para encapsular sustratos pueden transportarlos a través de la membrana celular o en el plasma. Las lipoproteínas, por ejemplo, transportan lípidos y grasas. La α-glicoproteína ácida (poco abundante en el plasma) actúa como vehículo de moléculas orgánicas pequeñas que se unen principalmente a un sitio de unión. Este sitio de unión es grande y flexible por lo que fármacos ácidos, básicos o neutros pueden coexistir.[35] Pero sin lugar a duda, las proteínas transportadoras más importantes y abundantes en el plasma son las albúminas séricas (Figura 1.10C).[36] A continuación, se describen con más detalle ya que han sido objeto de esta tesis.

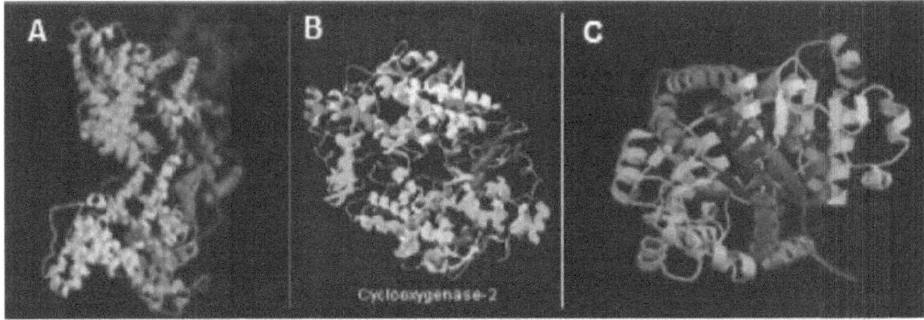

Figura 1.10. A) Ciclooxigenasa-2 (receptor farmacológico). **B)** uridino difosfoglucuronosiltranferasa (enzima). **C)** Albúmina sérica humana (proteína transportadora). Fuente: Estados excitados del antiinflamatorio no estereoideo flurbiprofeno como sondas para la interacción con proteínas, Ignacio Vayá Pérez

---

[35] Z. H. Israili, *Drug Metabolism Review* **2001**, *33*, 161.

[36] T. Peters, *All About Albumin; Biochemistry, Genetics and Medical Applications*, *Academic Press*, **1995**

1.3.1. Albúminas séricas de distintas especies

La albúmina sérica humana (ASH), junto con la hemoglobina, es probablemente una de las primeras proteínas del cuerpo humano que llamó la atención de los investigadores. La albúmina sérica se encuentra presente en todas las especies animales. En este trabajo se emplea la extraída de bovinos (ASB), ratas (ASR), conejos (ASC), cerdos (ASCe), ovejas (ASO) y humanos (ASH). Las albúminas séricas de animales se han usado como sustituto de la humana basándose en la alta similitud encontrada en las secuencias de aminoácidos y su mayor accesibilidad. Pese a estas similitudes, también presentan diferencias en cuanto a la unión de varios fármacos y metabolitos, como es el caso de la bilirrubina cuya afinidad varía según la albúmina presente.[37, 38, 39, 40] En este contexto, será de un gran interés y especial importancia el ampliar el conocimiento de la farmacodinámica y farmacocinética de estas proteínas. La estructura de algunas de estas albúminas se muestra en la Figura 1.11.

[37] A. Robertson; W. B. Karp; R. Brodersen, *Dev Pharmacol Ther* **1990**;15:106

[38] D. Harmatz; G. Blauer, *Arch Biochem Biophys* **1975**;170:375

[39] L. Stern; R. Brodersen, *Pediatrics* **1987**;79:154

[40] S. D. Zucker, W. Goessling; J. L. Gollan, *J Biol Chem* **1995**;270:1074

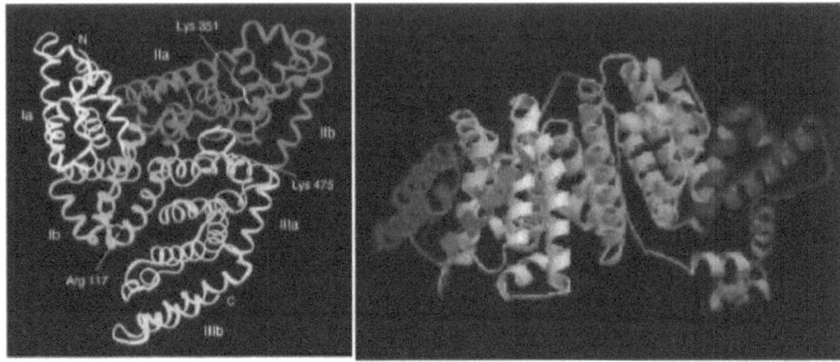

Figura 1.11. Estructura de la albúmina sérica humana (izquierda) y de la albúmina sérica bovina (derecha). Fuente: Estados excitados del antiinflamatorio no estereoideo flurbiprofeno como sondas para la interacción con proteínas, Ignacio Vayá Pérez

1.3.2. Función de la albúmina sérica

La albúmina sérica se sintetiza en el hígado, desde donde se distribuye a casi todos los tejidos, especialmente a la piel y músculos. Se encuentra también en los fluidos corporales, como por ejemplo en el fluido vítreo y acuoso ocular, sudor, lágrimas, saliva y sangre, siendo la proteína transportadora más abundante (3.5-4 g en 100 ml).

La principal función de las albúminas séricas es el transporte de sustratos, como fármacos, ácidos grasos aniónicos de cadena larga, ácidos biliares, hormonas, vitaminas, etc.[41] Complementariamente, las albúminas séricas también ayudan a mantener el pH y la presión osmótica en la sangre.[42] Junto a estos beneficios, también son capaces de aumentar

---

[41] M. Dockal; D. C. Carter; F. Ruker, *J. Biol. Chem.* **1999**, *274*, 29303.

[42] S. Sugio; A. Kashima; S. Mochizuki; M. Noda; K. Kobayashi, *Protein Eng.* **1999**, *12*, 439.

la solubilidad de sustratos en sangre (como de los ácidos grasos), así como proteger al organismo frente a daños. Disminuye la toxicidad presente en sangre actuando por ejemplo como almacén de toxinas (transporte de bilirrubina hasta el hígado) o interaccionando con toxinas exógenas haciéndolas menos nocivas (interacción de albúmina sérica con la aflatoxina G1 cancerígena hasta el hígado) así como de protección frente a la oxidación.

Presentan también actividad enzimática interaccionando con moléculas pequeñas. Posee actividad enolasa y tioesterasa (al poseer un grupo sulfhidrilo libre del residuo de aminoácido Cys_{34}), llevando a cabo la degradación de disulfuram.[43, 44] Presenta también actividad esterasa asociado a la proximidad de la Arg_{410} y la Tyr_{411}, que consigue hidrolizar ácidos grasos. La actividad esterasa resulta útil para el diseño de fármacos, en concreto de pro-fármacos como es el caso del medoxomil olmesartan, que se transforma al fármaco activo olmesartan.[45] También es de destacar su actividad glucuronidasa, mediante la cual se produce la hidrólisis del glucurónido de algunos fármacos, como carprofeno, naproxeno, flurbiprofeno o ketoprofeno.[46, 47]

[43] Z. Drmanovic; S. Voyatzi; D. Kouretas; D. Sahpazidou; A. Papageorgiou; O. Antonoglou, *Anticancer Res.* **1999**, *19*, 4113.

[44] R. P. Agarwal; M. Phillips; R. A. McPherson; P. Hensley, *Biochem. Pharmacol.* **1986**, *35*, 3341.

[45] T. Ikeda, *Proceedings of the international symposium on Serum Albumin & α1-Acid Glycoprotein.* **2000**, pp. 173-180

[46] S. H. Georges; N. Presle; T. Buronfosse; S. Fournel-Gigleux; J. Magdalou; F. Lapicque, *Chirality* **2000**, *12*, 53.

[47] N. Dubois-Presle; F. Lapicque; M. H. Maurice; S. Fournel-Gigleux; J. Magdalou; M. Abiteboul; G. Siest; P. Netter, *Mol. Pharmacol.* **1995**, *47*, 647.

1.3.3. Estructura general de la albúmina

Las albúminas están compuestas por una cadena polipeptídica simple sin grupos prostéticos u otros aditivos, con una masa molecular aproximada de 67 KDa. Dentro de esta se sitúan 9 logos dobles formados por 17 puentes disulfuro, que envuelven a los residuos de cisteína adyacentes. Estos están agrupados en tres dominios denominados I, II y III, donde pueden interaccionar sustratos de distinta naturaleza. A su vez, cada uno de estos dominios contiene 2 logos y está separado de los contiguos por otro logo y en cada dominio hay dos subdominios A y B. De esta manera, existe un amplio y variado número de sitios de unión en las albúminas donde los sustratos pueden interaccionar. [36] En la Figura 1.12 se muestran los principales dominios de unión de la albúmina sérica humana, así como ejemplos de fármacos que se unen a cada sitio de unión.

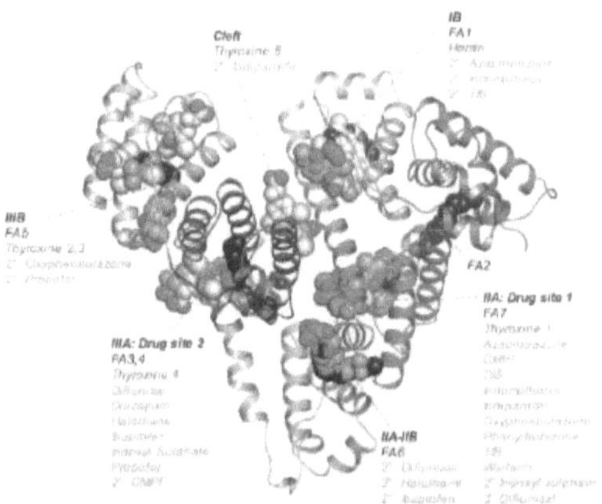

Figura 1.12. Representación de los dominios I, II y III en ASH. Fuente: Interacciones fármaco-proteína en estados excitados, Carlos Javier Bueno Alejo

De entre las albúminas estudiadas en esta tesis la más importante es la albúmina sérica humana (ASH) que constituye alrededor del 60% del total de proteína en la sangre. Posee una masa molecular promedio de 66,5 kDa y formada por 585 aminoácidos, entre los cuales se forman un total de 17 puentes disulfuro; existe un tiol libre (Cys_{34}) y un único triptófano (Trp_{214}).[48] Según análisis cristalográficos por difracción de rayos-X, la cadena polipeptídica se dobla formando una hélice de dimensiones aproximadas de 80 x 80 x 30 Å, con cerca del 67% de hélice-α, un 10% de giro β y un 23% de cadena extendida.[42, 49, 50] Se ha reportado que la conformación global de ASH en disolución neutra es muy similar a la observada en la forma cristalina.[51]

Las albúminas de otras especies tienen ligeras diferencias, con una similitud en la secuencia peptídica de alrededor del 70-80% con la humana. Entre estas diferencias se encuentra el número de aminoácidos que las forman siendo para la bovina, cerdo y oveja de 583 aminoácidos mientras que para la de conejo y rata es de 584 aminoácidos. Otra diferencia es el número de triptófanos presentes, este aminoácido se considera clave en la interacción con fármacos. Así, las albúminas séricas de humano, cerdo y rata contienen un único residuo de triptófano mientras que las albúminas séricas de oveja, conejo y bovina contienen dos.

---

[48] K. M. He; D. C. Carter, *Nature* **1992**, *358*. 29.

[49] D. C. Carter; J. X. Ho, *Adv. Protein Chem.* **1994**, *45*, 153.

[50] H. Mandelkow; P. Brick; N. Frank; S. Curry, *Nat. Struct. Biol.* **1998**, *5*, 827.

[51] M. Ferrer; R. Duchowicz; B. Carrasco; J. Garcia de la Torre; A. U. Acuña, *Biophys. J.* **2001**, *80*, 2422.

1.3.4. Interacción con sustratos

Las albúminas tienen la capacidad de interaccionar con una gran variedad de sustratos tanto exógenos como endógenos, como por ejemplo fármacos, ácidos grasos, aminoácidos, metabolitos, etc. Esta capacidad se debe entre otras cosas a su gran flexibilidad adaptándose a sustratos de distintos tamaños y a la variedad de sitios de unión. Debido a esto, las propiedades de las albúminas séricas cambian al unirse sustratos, logrando en ocasiones aumentar la afinidad por un sustrato que inicialmente no lo era tanto.[52] A pesar de que las albúminas poseen varios dominios de unión con sustratos, está aceptado por consenso la existencia de dos sitios de unión o centros activos para moléculas orgánicas pequeñas acuñados así por Sudlow.[53] En la Tabla 1.1 se muestran algunas características de los dos principales sitios de unión de la albúmina sérica humana (ASH).

Tabla 1.1. Características de los dos principales sitios de unión de ASH.

Sitio de unión	*Sitio I*	*Sitio II*
Sustratos específicos	Warfarina, dansilamida	Dansilsarcosina, diazepán
Otros sustratos afines	Ésteres de los ácidos 2-arilpropiónicos	Ácidos 2-arilpropiónicos
Residuos de A.A presentes	Trp_{214}, Arg_{218}	His_{146}, Lys_{194}

---

[52] U. Kragh-Hansen; V. T. G. Chuang; M. Otagiri, M. *Biol. Pharm. Bull.* **2002**, *25*, 695.

[53] G. Sudlow; D. J. Birkett; D. N. Wade, *Mol. Pharmacol.* **1976**, *12*, 1052.

El *sitio I*, situado en el subdominio IIA,[54] es flexible y de gran tamaño lo que resulta más difícil observar estereoselectividad en la interacción con los sustratos. Los aminoácidos más relevantes que están involucrados en estas interacciones (de tipo hidrofóbicas)[55] son el Trp_{214} y la Arg_{218}. De entre los sustratos que se localizan en este sitio de unión, la warfarina, dansilamida, indometacina, fenilbutazona o ácidos 2-arilpropiónicos son los más importantes.[56]

El *sitio II* está situado en el subdominio IIIA y es de menor tamaño y menos flexible que el sitio I por lo que se pueden observar interacciones estereoselectivas.[54] Las interacciones con sustratos son de tipo electrostáticas y/o puente de hidrógeno,[55] siendo los principales aminoácidos involucrados la Arg_{410} y la Tyr_{411}.[54] Los sustratos más importantes que se unen a este sitio son los ácidos 2-arilpropiónicos. En la Figura 1.13 se muestran los sitios de unión I y II de la ASH.

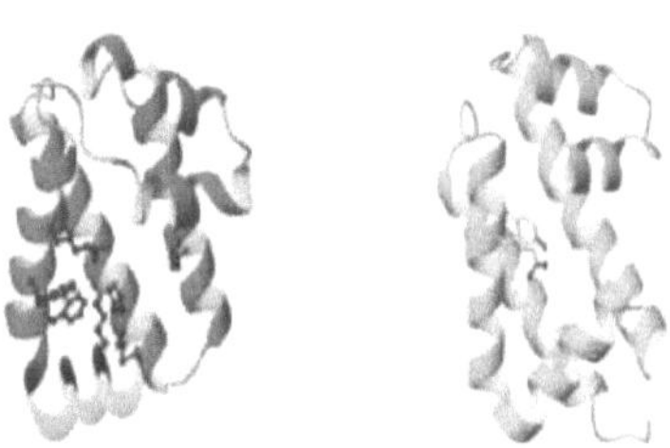

Figura 1.13. Sitio I (izquierda) y sitio II (derecha) de ASH.

[54] K. M. He; D. C. Carter, *Nature* **1992**, *358*, 29.

[55] F. Lapicque; N. Muller; E. Payan; N. Dubois, *Clin. Pharmacokinet.* **1993**, *25*, 115.

[56] M. H. Rahman; K. Yamasaki; Y. H. Shin; C. C. Lin; M. Otagiri, *Biol. Pharml. Bull.* **1993**, *16*, 1169.

Otro de los aspectos importantes en las interacciones de sustratos con las albúminas séricas es que dos sustratos compitan por el mismo sitio de unión. Debido a la flexibilidad de la albúmina, la unión, por ejemplo, de un fármaco o de un ácido graso a albúmina sérica puede generar cambios en su estructura que pueden influir en la forma de interactuar con nuevos fármacos.[57, 58] Esta alteración es importante porque se puede modificar la distribución y eliminación de un fármaco pudiendo modular sus efectos terapéuticos. Este riesgo es mayor cuando dos o más fármacos compiten por el mismo sitio de unión (o cuando un ácido graso desplaza al fármaco de su sitio de unión). En algunos casos, esta competición entre dos ligandos por el mismo sitio puede generar un aumento en la concentración del fármaco desplazado, que pasa a encontrarse libre en el medio. Sin embargo, en otras ocasiones se produce un desplazamiento del fármaco desde el sitio de mayor afinidad a otro de menor afinidad, sin sacarlo fuera de la proteína. Un ejemplo claro de este hecho se puede encontrar en la literatura, donde el fármaco carprofeno desplaza al ibuprofeno de su sitio II, de mayor afinidad, al sitio I, de menor afinidad.[59]

La actividad farmacológica depende de la concentración de fármaco libre en el medio, por lo que los desplazamientos desde el sitio de mayor afinidad a otro de menor afinidad son importantes para aquellos fármacos que interaccionan fuertemente con la proteína y de los que sólo se requiere una pequeña concentración libre para causar su efecto farma-

---

[57] G. Menke; W. Wörner; W. Kratzer; N. Rietbrock, *Arch. Pharmacol.* **1989**, *339*, 42.

[58] U. Kragh-Hansen, *Dan. Med. Bull.* **1990**, *37*, 57.

[59] M. H. Rahman; T. Maruyama; T. Okada; T. Imai; M. Otagiri, *Biochem. Pharmacol.* **1993**, *46*, 1733.

cológico.[60] Por esta razón es importante conocer los mecanismos de las interacciones competitivas entre fármacos, ya que deben tenerse en cuenta a la hora, por ejemplo, de calcular la dosis que se debe suministrar un fármaco durante la administración simultánea de otro.

1.4. Ligandos

Por lo general, los ligandos son moléculas orgánicas pequeñas que forman complejos con las proteínas. Como se ha comentado anteriormente, en esta tesis doctoral se ha estudiado únicamente la interacción de ligandos con albúminas séricas.

La unión de ligandos a proteínas transportadoras es un proceso clave ya que incluye la modulación de la solubilidad del fármaco en plasma, la toxicidad, la susceptibilidad a la oxidación y el tiempo de vida media *in vivo*. De ahí que este tipo de interacciones se hayan estudiado durante años utilizando diferentes técnicas para comprender sus funciones y revelar las bases estructurales que permitan el diseño de nuevos agentes terapéuticos.

Por ejemplo, cuando los fármacos (actuando como ligandos) se unen a las proteínas, su tiempo de acción se prolonga al retardar la metabolización. El grado de unión depende de las concentraciones totales del fármaco y de su afinidad con la proteína. El proceso suele ser reversible y el equilibrio se establece entre el fármaco unido y el libre. Sólo los fármacos no unidos son farmacológicamente activos, por lo que una alta afinidad de

---

[60] M. M. Rahman; M. H. Rahman; N. N., *Pakistan J. Pharm. Sci.* **2005**, *18*, 43.

unión a proteínas produce una solubilidad mejorada y un mayor tiempo de vida media. La unión fármaco/proteína es por tanto un proceso importante a estudiar. Se han aplicado diversas técnicas como la diálisis, HPLC, cromatografía, ultrafiltración, espectrofotometría, calorimetría, dicroísmo circular, electroforesis capilar, RMN, etc. Sin embargo, estas técnicas están limitadas en lo referente a sensibilidad, interferencias, problemas de difusión o a veces falta de reproducibilidad debido a su difícil tratamiento. Por ello, en nuestro grupo de investigación, las técnicas empleadas para el estudio de estos ligandos han sido las fotofísicas como la espectroscopía de absorción UV-vis, fluorescencia en estado estacionario y tiempo resuelto, anisotropía de fluorescencia, la filtración por gel, la espectroscopía de absorción de transitorios, además de técnicas interdisciplinares como el análisis proteómico y química computacional, en concreto el acoplamiento y dinámica moleculares.

1.4.1. Fármacos

La concienciación por parte de la sociedad con respecto a los medicamentos, la desconfianza a los químicos introducidos a nuestro cuerpo (xenobióticos) y, en general, la mejora de la ciencia en su forma de estudiar cómo nos afectan y el desarrollo de organismos como la European Medicines Evaluation Agency (EMEA), la Food Drug Administration (FDA) forzaron a las farmacéuticas a desarrollar fármacos cada vez más eficientes, selectivos y seguros. No obstante, muchos de estos xenobióticos son capaces de absorber luz e inducir alteraciones químicas o físicas en las biomoléculas, actuando como fotosensibilizadores.

Pueden estar presentes como sustancias endógenas en los sistemas vivos o pueden tomarse de fuentes exógenas. Las primeras incluyen porfirinas, bilirrubina o clorofila. Los fotosensibilizadores exógenos incluyen medicamentos, cosméticos, pesticidas, tintes y otros xenobióticos. Pueden producir efectos beneficiosos en organismos vivos que pueden utilizarse con fines terapéuticos o de diagnóstico. O bien, pueden convertir la luz de longitud de onda no dañina y de baja energía en un agente dañino biológico relacionado con procesos fototóxicos, fotoalérgicos y/o fotocarcinogénicos.

El daño fotosensibilizador solar se produce en general por la radiación comprendida dentro de los rangos UVB, UVA y visible. La radiación UVC (100 nm – 280 nm) se absorbe en la capa de ozono, por lo que no afecta a la vida en la superficie de la tierra. La radiación UVA (315 nm – 400 nm) es la responsable de la mayoría de los casos de fotosensibilización debido a su penetración más profunda en la piel y su capacidad para excitar una variedad más amplia de cromóforos en comparación con los UVB (280 nm – 315 nm). Un fotosensibilizador activado por luz desencadena una cascada de eventos químicos que finalmente pueden resultar en importantes trastornos biológicos. Por lo tanto, el daño puede ocurrir por modificación directa de biomoléculas (isomerización, ruptura de enlaces, oxidación, etc.) o por la participación de intermediarios de radicales libres. Las últimas incluyen especies reactivas de oxígeno (ROS), por ejemplo, oxígeno singlete

($^1O_2$), radicales hidroxilo (HO$^•$), aniones radicales superóxido (O$_2$$^{•-}$) u oxígeno atómico (O (^{3}P)).

Como resultado se pueden alterar los constituyentes celulares como lípidos, proteínas o bases de ácidos nucleicos insaturados. En esta situación, si los mecanismos de reparación no son eficientes puede haber lesiones irreversibles.

Algunos de los xenobióticos estudiados en nuestro grupo son fármacos pertenecientes a la familia de los ácidos antiinflamatorios no esteroideos como por ejemplo el flurbiprofeno,[61, 62, 63] el naproxeno[64, 65] o el carprofeno.[66] Recientemente, hemos demostrado la unión de una β-lactama a proteínas bajo una activación fotoquímica.[67] Los resultados han revelado un nuevo camino de haptenación de proteínas para esta familia de fármacos, siendo una alternativa a la ya conocida apertura nucleofílica del anillo β -lactámico por el grupo amino libre de los residuos de lisina. Así, la escisión fotoquímica del anillo β - lactámico, siguiendo una retro-reacción de Staudinger, conduce a la formación de un intermedio tipo cetena el cual es altamente reactivo (Figura 1.14). Este intermedio en

---

[61] W. F. Kean, E. J. Antal, E. M. Grace, H. Cauvier, J. Rischke and W. W. Buchanan, *J. Clin. Pharmacol.* **1992**, *32*, 41.

[62] A. M. Evans, *J. Clin. Pharmacol.* **1996**, *36*, 7S

[63] P. Bonancía, I. Vayá, M. C. Jiménez and M. A. Miranda, *J. Phys. Chem. B* **2012**, *116*, 14839.

[64] F. Bosca, M. L. Marin and M. A. Miranda, *Photochem. Photobiol.* **2001**, *74*, 637.

[65] I. Vayá, R. Pérez-Ruiz, V. Lhiaubet-Vallet, M. C. Jiménez and M. A. Miranda, *Chem. Phys. Lett.* **2010**, *486*, 147.

[66] D. Limones-Herrero, R. Pérez-Ruiz, E. Lence, C. González-Bello, M. A. Miranda and M. C. Jiménez, *Chem. Sci.* **2017**, *8*, 2621.

[67] R. Pérez-Ruiz, E. Lence, I. Andreu, D. Limones-Herrero, C. González-Bello, M. A. Miranda and M. C. Jiménez, *Chem. Eur. J.* **2017**, *23*, 13986.

consecuencia reacciona rápidamente con los residuos de lisina quedando atrapado en un lugar de la proteína formando un aducto tipo amida. En definitiva, se descubrió que la unión fotoquímica irreversible era el camino clave de una secuancias de eventos para dar lugar a la fotoalergia.

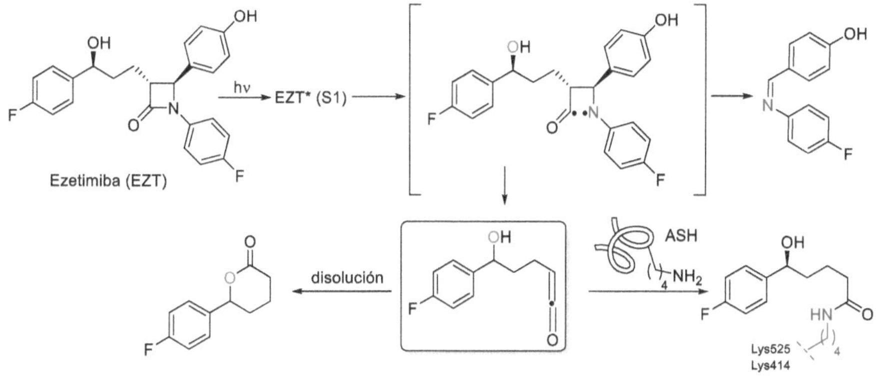

Figura 1.14 Estructura química de la ezetimiba (EZT) y reacción fotoquímica de la EZT tanto en disolución como en presencia de albúmina sérica humana (ASH).

1.4.2. Metabolitos

Como se ha comentado anteriormente, los fármacos se metabolizan gracias a la acción de las enzimas mediante dos tipos de reacciones, fase 1 o fase 2. A pesar de esta transformación, los metabolitos conservan el cromóforo principal de los xenobióticos parentales y por tanto su capacidad fotosensibilizadora. No resulta extraño que los metabolitos muestren una actividad fotobiológica más alta que el xenobiótico original debido a una combinación de factores, como puede ser:

i) Desplazamiento batocrómico de la banda de absorción hacia las regiones UVA y visible, extendiendo así la fracción activa de la luz solar capaz de producir trastornos de fotosensibilidad.

ii) propiedades modificadas de los estados excitados, ya sean fotofísicos (rendimientos cuánticos, energías, tiempos de vida, etc.) o fotoquímicos (carácter ácido-base, potencial redox, etc.), lo que resulta en una reactividad diferente.

iii) mayor grado de funcionalización que hace más probable la unión covalente a biomacromoléculas clave (es decir, fotounión).

iv) mayor capacidad de generación de ROS.

v) diferente afinidad por el transporte de proteínas, lo que lleva a una modificación de la biodisponibilidad que resulta en una fotorreactividad compartimentada.

vi) producción mejorada debido a las variaciones interindividuales del fenotipo metabólico, que puede desempeñar un papel clave en manifestaciones idiosincrásicas, como la fotoalergia.

Durante el desarrollo de fármacos se estudia la reactividad fotoquímica, pero el comportamiento y mecanismo de fotosensibilización de sus metabolitos suele pasarse por alto. Se sabe que ciertos medicamentos son capaces de fotoinducir cambios en biomoléculas, entre las que se encuentran la modificación de lípidos (peroxidación), proteínas (foto reticulación, fotounión) y ácidos nucleicos (oxidación de purina, dimerización de pirimidina, etc.). La naturaleza de estos procesos químicos es poco conocida, más aún si cabe para los originados por los metabolitos. Tampoco son conocidos muchos de los procesos fotofísicos y fotoquímicos que tienen lugar dentro de células, a pesar de su importancia para la comprensión y predicción de la fototoxicidad, la fotoalergia y la fotocarcinogenicidad específicamente causada por los metabolitos.

Como se ha comentado, el potencial fotosensibilizante de los xenobióticos se analiza siguiendo metodologías relativamente sencillas, pero los metabolitos de estos xenobióticos generados dentro de las células tienden a pasar inadvertidos. Por lo tanto, una metodología para la identificación de metabolitos con capacidad fototóxica o de formación de aductos cobra especial importancia. La temprana evaluación del riesgo de un xenobiótico (medicamento, cosmético, etc.) podría permitir la corrección de los "cabeza de serie", evitaría efectos secundarios al paciente y una ventaja económica para la industria, facilitando el diseño racional, sugiriendo formas de mejorar la fotoestabilidad y disminuir la fototoxicidad.

1.4.3. Otros ligandos

En el campo del desarrollo de fármacos se ha intentado siempre encontrar aquellos cuya unión a biomoléculas y acción inhibidora fuera considerada como reversible. Sin embargo, la efectividad de estos parece que ha caído en algunos casos, debido a la resistencia que presentan con el tiempo sus dianas farmacológicas, ya sean biomoléculas como proteínas, enzimas, etc., u organismos vivos como bacterias o agentes infecciosos.

Aunque ha habido mucha controversia a lo largo de los años sobre el papel de la unión covalente en la patogenia de la toxicidad relacionada con los fármacos idiosincrásicos, la formación de metabolitos de fármacos químicamente reactivos se ha considerado como un factor de riesgo en el desarrollo de fármacos. Estudios vincularon la generación de productos intermedios electrófilos catalizados por el citocromo P450.[68]

Los estudios de radiomarcaje demostraron que las especies reactivas generadas a partir de estos agentes se unieron covalentemente a las proteínas, y se planteó la hipótesis de que el daño estructural y funcional resultante sirvió de base para la toxicidad celular observada.[69]

Esto ha sido un lastre para los fármacos irreversibles y pese a muchos medicamentos exitosos que funcionan a través de mecanismo covalente como esomeprazol (Nexium) y clopidogrel (Plavix), siempre ha estado presente la reticencia a emplear la acción covalente en los programas de descubrimiento de fármacos. En los últimos años, han empezado a desarrollarse fármacos que poseen modos de acción farmacológica tanto covalentes como no covalentes. Estos compuestos combinan una reactividad cuidadosamente sintonizada con una complementariedad específica con el receptor farmacológico. La inhibición o "silenciamiento de proteínas" por este tipo de compuestos se da en dos pasos principalmente. Primero, la unión no covalente a la diana, consiguiendo que el electrófilo poco reactivo se aproxime al nucleófilo del sitio de unión que, tras reacción, da lugar al complejo inhibido siendo su formación irreversible (Figura 1.15; $k_2 >> k_{-2}$). Hay que tener en cuenta que el concepto de inhibición covalente en este caso es aquel que

---

[68] T. A. Baillie, *Chem. Res. Toxicol.* **2006**, *19*, 889.

[69] D. C. Liebler, *Chem. Res. Toxicol.* **2008**, *21*, 117.

inhibe durante más tiempo del que es capaz de reponer proteína o recuperarse del compuesto adherido.

$$E + I \xrightarrow[K_1]{} E * I^- \underset{k_{-2}}{\overset{k_2}{\longleftrightarrow}} EI$$

Figura 1.15. Esquema del mecanismo de acción de un "targeted covalent inhibitor" (TCI)

Estos compuestos "TCI" emplean la actividad catalítica de la enzima objeto para transformarse de un ligando no reactivo en un intermedio altamente reactivo.[70] Esto conlleva a la unión covalente e irreversible de la diana, en este caso al enzima. Esto permite el empleo de dosis bajas derivada consiguiendo una alta potencia. El abanico de aplicación de estos compuestos es muy amplio y abarca desde enzimas, receptores y dianas con sitios de unión poco profundos que no son susceptibles a los enfoques convencionales.[69, 71, 72, 73, 74, 75] a diferencia de los precursores inhibidores suicidas. Algunos ejemplos de TCI de segunda generación son el afatinib y neratinib que han demostrado una alta potencia contra el receptor del factor de crecimiento epidérmico (EGFR) que representa la

---

[70] M. H. Potashman; M. E. Duggan, *J. Med. Chem.* **2009**, *52*, 1231.

[71] J. Singh, R. C. Petter, T. A. Baillie, A. Whitty, *Nat. Rev. Drug Discovery* **2011**, *10*, 307.

[72] M. C. Noe, A. M. Gilbert, *Annu. Rep.Med. Chem.* **2012**, *47*, 413.

[73] B. R. Lanning, L. R. Whitby, M. M. Dix, J. Douhan, A. M. Gilbert, E. C. Hett, T. O. Johnson, C. Joslyn, J. C. Kath, S. Niessen, L. R. Roberts, M. E. Schnute, C. Wang, J. J. Hulce, B. Wei, L. O. Whiteley, M. M. Hayward, B. J. Cravatt, *Nat. Chem. Biol.* **2014**, *10*, 760.

[74] A. S. Kalgutkar, D. K. Dalvie, *Expert Opin. Drug Discovery* **2012**, *7*,561.

[75] D. S. Johnson, E. Weerapana, B. F. Cravatt, *Future Med. Chem.* **2010**, *2*, 949.

principal fuente de resistencia a la quimioterapia con los inhibidores de EGFR reversibles de primera generación gefitinib, erlotinib y lapatinib.[76]

1.5. Análisis de proteómica

El concepto de proteoma es un término reciente, definido en 1994 por Wilkins[77], descrito como el conjunto de todas las proteínas expresadas por un genoma. Más tarde se incluyó en la misma la variable de tiempo y espacio,[78] ya que la composición de las mismas no depende solo de la variabilidad inherente de una célula, tejido, genoma a otro, sino que se ven modificados factores externos como por ejemplo edad, sexo, el medio ambiente, enfermedad, etc. e internos ya que aunque la secuencia de aminoácidos de una proteína esté definida por un gen concreto, la información genética se ve modificada tras las transcripción del ARN mensajero procedentes del ADN, estos a su vez son procesados siguiendo sitios de corte y empalme alternativos[79] y las proteínas traducidas pueden ser cortadas, así como modificadas químicamente en la célula según un procesado post-traduccional. Esto origina que se haya podido reportar al menos unas 200 posibles modi-

[76] R. A. Ward, M. J. Anderton, S. Ashton, P. A. Bethel, M. Box, S. Butterworth, N. Colclough, C. G. Chorley, C. Chuaqui, D. A. E. Cross, L. A. Dakin, J. E. Debreczeni, C. Eberlein, M. R. V. Finlay, G. B. Hill, M. Grist, T. C. M. Klinowska, C. Lane, S. Martin, J. P. Orme, P. Smith, F. Wang, M. J. Waring, *J. Med. Chem.* **2013**, *56*,7025.

[77] V.C. Wasinger; S. J. Cordwell; A, Cerpa-Poljak; J. X. Yan, A.A. Gooley; M. R. Wilkins; M. W. Duncan; R. Harris; K. L. Williams; I, Humphery-Smith, *Electrophoresis* **1995**, *16*, 1090.

[78] M. R. Wilkins; J. C. Sanchez; A. A. Gooley, R. D. Appel, I. Humphery-Smith; D. F. Hochstrasser; K. L. Williams, *Biotechnol Genet Eng Rev* **1996**, *13*, 19.

[79] B. R. Graveley, *Trends Genet*, **2001**, *17*, 100.

ficaciones post-traduccionales diferentes[80] y que, por tanto, el número de proteínas úni-
cas que pueden comprender el proteoma de organismos complejos aumente exponen-
cialmente.[81] Lo cual demuestra la existencia de un complejo entorno proteico dentro de
la célula.[82]

El análisis de proteómica se ha desarrollado rápidamente gracias al avance en la instru-
mentación analítica, en concreto, el de la espectrometría de masas acoplada con técnicas
de ionización más suaves. Además, el empleo de técnicas de cromatografía líquida y
electroforesis posibilitan la separación de proteínas y péptidos y disminuir la compleji-
dad de estas. Esto unido al desarrollo de la bioinformática, permite tener una gran base
de datos en la que almacenar, procesar y visualizar los datos generados mediante estudios proteómicos.

Otro aspecto importante es la adecuación de las muestras biológicas a tratar y los métodos de análisis que se ajusten mejor a las mismas. Las muestras son fraccionadas antes
de la identificación de proteínas por espectrometría de masas.[83] Esta técnica es indispen-
sable para la caracterización del proteoma de manera reproducible y con gran velocidad,
precisión y sensibilidad.[84, 85] El análisis puede dar como resultado, la identificación de

[80] M. Mann; O. N. Jensen, *Nat. Biotechnol.* **2003**, *21*, 255.

[81] O. N. Jensen, *Curr Opin Chem Biol.* **2004**, *8*, 33.

[82] A. Dziembowski, *FEBS Lett* **2004**, *556*, 1.

[83] P. G. Righetti; A. Castagna; B. Herbert, *Anal Chem.* **2001**, *73*, 320A.

[84] R. Aebersold; M. Man, *Nature* **2003**, *422*, 198.

proteínas, la detección de sus modificaciones covalentes (incluyendo las modificaciones post-traduccionales) y la caracterización y el control de calidad de las proteínas recombinantes. En esta tesis doctoral, el análisis de proteómica ha sido crucial para la determinación de las modificaciones en las albúminas séricas.

1.6. Cálculo teórico

1.6.1. MD y computacional

La química computacional ha cobrado una gran relevancia en las últimas décadas, muestra de ello es el premio Nobel de Química de 2013, otorgado por el desarrollo de modelos como herramientas predictivas. Ahora, estas herramientas permiten hacer aproximaciones a la realidad de manera que se puede conocer si una reacción puede o no ocurrir, discernir mediante qué mecanismos se daría para diseñar nuevos fármacos o materiales.

Además, otra aplicación interesante del cálculo computacional es conocer cómo responden proteínas frente a fármacos o xenobióticos y determinar sus interacciones.

El conocimiento obtenido por la química computacional y modelado molecular permite desarrollar: i) modelos tridimensionales de receptores y ligandos; ii) estudiar sus preferencias conformacionales; iii) esclarecer la magnitud y naturaleza de las fuerzas interatómicas que gobiernan su interacción; iv) analizar el comportamiento de cada molécula por separado y de sus respectivos complejos. Es aquí donde el modelado molecular interviene permitiendo relacionar estas estructuras con las observaciones experimentales,

---

[85] M. Man, R. C. Hendrickson; A. Pandey, *Annu Rev Biochem.* **2001**, *70*, 437.

constituyendo herramientas muy poderosas para diseñar nuevas moléculas con afinidad por un determinado receptor.

En todo proceso de diseño de fármacos asistido por ordenador (Computer Assisted Molecular Design, CAMD) se emplean dos tipos de métodos, los directos y los indirectos. Para el empleo de esta metodología es necesaria la obtención de nuevas dianas terapéuticas, que gracias a la genómica, proteómica y bioinformática están descubriendo. Si la diana farmacológica o receptor que queremos inhibir es conocida y poseemos información sobre su estructura ya sea mediante métodos experimentales o bien a través de la construcción de un modelo molecular de ella, procederemos a emplear un método directo. Dentro de los métodos directos se encuentran las siguientes técnicas computacionales: modelado de proteínas, predicción del modo de unión de ligandos (*docking*), mediante el cual se intenta encontrar el mejor acoplamiento entre dos moléculas, evaluación de la interacción ligando-receptor, screening virtual (cribado), diseño *de novo*.

En el caso de que no se posea información de su estructura o se decida prescindir de ella, los métodos se basarán en el análisis y comparación de propiedades moleculares y datos de afinidad por el receptor para ligandos conocidos, sin tener en cuenta la estructura de dicho receptor. En este caso las técnicas empleadas serían la relación cuantitativa estructura-actividad (Quantitative structure-activity relationship, QSAR), tanto 2D como 3D, desarrollo de modelos farmacóforos y *shape matching*. Estas técnicas se basan en encontrar coincidencias en la estructura de un ligando y relacionarlas con los sitios de interacción del receptor.

1.6.2. Acoplamiento molecular (docking)

Las técnicas de acoplamiento molecular o *docking* permiten predecir la actividad de una biblioteca de compuestos químicos o de un ligando dado con un sitio de unión del receptor. Esta técnica permite por tanto la identificación la conformación más favorable de unión, es decir, conocer la orientación y posición que el ligando adopta en la cavidad de la proteína, pudiéndose emplear también para identificar el sitio de unión (*blind docking*).[86] Esta técnica consiste principalmente por el acoplamiento molecular y el *scoring* o puntuación. El *scoring* predice la afinidad de unión entre ligando y receptor de manera aproximada.[87]

1.6.3. Simulaciones de dinámica molecular

El estudio dinámico de los movimientos y fluctuaciones de las moléculas permite evaluar la interacción fármaco-receptor, y por tanto muy relevante en el diseño de fármacos por ordenador (CAMD). Permite el estudio del movimiento de las moléculas, mediante los principios de la mecánica molecular y la segunda ecuación de movimiento de Newton. Esto aplicado a un modelo químico con coordenadas definidas permite obtener información acerca de las propiedades del modelo en función del tiempo.

Gracias a estos estudios se pueden obtener propiedades del sistema como su estabilidad y desviación con respecto al inicial o la exploración conformacional de forma más exhaus-

---

[86] C. Hetényi; D. Van der Spoel, *Prot. Sci.* **2002**, *11*, 1729.

[87] W. Ajay; M. A. Murcko, *J. Med. Chem.* **1995**, *38*, 4953.

tiva. El problema reside en que los cambios conformacionales implicados en fenómenos biológicos, como la activación de un receptor al unirse un ligando, ocurren a escalas de tiempo mucho mayores que las que se pueden simular. Por ello, se han desarrollado campos de fuerza simplificados[88, 89] para poder simular períodos de tiempo mayores, y obtener el cálculo promedio de propiedades moleculares mediante un muestreo sistemático de valores de la propiedad que se quiera medir.

Las simulaciones de dinámica molecular tienen además otros parámetros a tener en cuenta. Por ejemplo, el efecto del solvente en el sistema químico que bien puede intervenir directamente en la reactividad mediante hidrólisis o afectar en gran medida al soluto. Por eso se han desarrollado métodos de solvente explícito, que contienen una cantidad determinada de solvente.

En esta tesis se emplea uno de estos métodos, como es el Amber. O bien métodos aproximados, que incorporan el efecto del solvente sin encontrar las moléculas de solvente en el sistema, con ello se puede minimizar el ligando, generar y minimizar complejos y realizar simulaciones.

---

[88] M, Miller; D, Wales, *J. Chem. Phys.* **1999**, *111*, 6610.

[89] M, Levitt, *J. Mol. Biol.* **1976**, *104*, 59.

Capítulo 2
Objetivos

Es evidente que la unión fotoquímica irreversible de ligandos (fármacos/metabolitos) a proteinas supone un problema para la salud publica causando lo que llamamos fotoalergia. Por tanto, una buena estrategia para mejorar el conocimiento en este campo es esencial, mejorando la comprensión y predicción de los transtornos fotosensibilizantes.

Objetivo general:

En esta tesis doctoral se ha desarrollado una estrategia multidisciplinar que incluye la irradiación de complejos ligando/proteína junto con estudios de fluorescencia y/o espectroscopía de absorción transitoria, cromatografía de exclusión por tamaño seguida de espectroscopía de absorción y/o fluorescencia, análisis de proteómica y modelización (docking y simulaciones de dinámica molecular) con el fin de profundizar y obtener información relevante en procesos relacionados con la formación de complejos irreversibles ligando-proteína.

Objetivos específicos:

1- Una de las informaciones relevantes que se puede extraer con esta metodología es el caracterizar el centro de reconocimiento de las albúminas séricas de distintas especies. Se ha publicado previamente que el fármaco carprofeno (CPF) posee propiedades fotoalérgicas debido a su fotounión con la albúmina sérica humana. Por tanto, el primer objetivo de esta tesis ha sido el elucidar si hay un centro común de reconocimiento para fármacos tipo antiinflamatorio no esteroideo, por ejemplo, el CPF como sonda fotoactiva, en albúminas séricas de distintas especies (humana, bovina, porcina, conejo, rata y oveja).

2- Siguiendo en esta línea, el siguiente objetivo de esta tesis ha sido el llevar a cabo una investigación sobre la modificación de los residuos de lisina en la albúmina sérica humana por la unión fotoquímica del HTB (principal metabolito del Triflusal). Esto puede proporcionar información muy valiosa tanto del centro de reconocimiento de la proteína por un metabolito como el problema de la fotoalergia debido al HTB.

3- El último objetivo de esta tesis doctoral ha sido el explorar la viabilidad del concepto de "targeted covalent inhibition" a través de la generación fotoquímica de electrófilos latentes y su posterior reacción con proteínas. El reto será identificar residuos de lisina en sitios de unión poco accesibles.

Capítulo 3

Identification of a common recognition center for a photoactive nonsteroidal antiinflammatory drug in serum albumins of different species

3.1. Introduction

Covalent photobinding of a ligand to a protein has recently been used as a tool for mapping the protein recognition center. This has been proven for a model system (carprofen methyl ester/bovine α_1 acid glycoprotein) using a systematic approach that combines photophysics, reactivity, proteomics and molecular dynamics simulation studies.[1]

The parent drug carprofen [2-(6-chloro-9H-carbazol-2-yl) propanoic acid] is a non-steroidal antiinflammatory drug (NSAID) of the 2-arylpropionic acids family employed for the treatment of pain and inflammation for almost a decade in the 90's. Then, it was removed from the market for human use, and currently tablets or injections are only used for veterinary purposes. It possesses a chiral center and the (*S*)-enantiomer is the pharmacologically active form (**CPF**, Chart 3.1).[2] Rather than glycoproteins, the major transport proteins for **CPF** are serum albumins (SAs), which are very abundant in mammals and play a crucial role in bio-distribution, metabolism and elimination of exogenous compounds.[3]

Chart 3.1. Chemical structures of (*S*)-carprofen (**CPF**), its photoreaction product (**CBZ**) and radical intermediate (**CBZ•**)

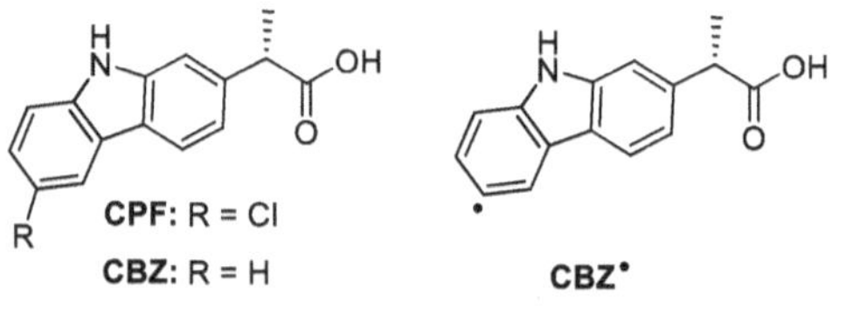

Human serum albumin (HSA) consists in a single polypeptide chain with a heart shaped three dimensional structure and three homologous domains I–III, each of them containing two sub-domains (A and B).[4] Small organic ligands bind to HSA in regions located within hydrophobic cavities of sub-domain IIA and IIIA.[5] While neutral, bulky heterocyclic compounds mostly bind to subdomain IIA by means of strong hydrophobic interactions, acidic molecules bind preferentially to subdomain IIIA, through electrostatic and/or H-bonding interactions.[6] The binding properties of other albumins, such as bovine, rabbit and rat serum albumins (BSA, RbSA and RtSA, respectively) have been explored using different techniques, such as high performance displacement chromatography, fluorescence or equilibrium dialysis.

The *in vitro* supramolecular dark binding of **CPF** to HSA has been investigated by several methods, including photophysical techniques such as fluorescence and transient absorption spectroscopy.[7c,8,9] The results show that although subdomain IIIA is the major binding site for **CPF** within HSA, subdomain IIA is also populated to some extent.

In contrast to the reversible, non-covalent complexation, photobinding corresponds to formation of a covalent photoadduct upon irradiation of a ligand in the presence of a protein. Photobinding is relevant to photoallergy, which is generally attributed to covalent conjugation of proteins with photosensitizing agents, photochemical intermediates or photoproducts (usually denoted as haptens); the resulting modified proteins can act as antigens, thus provoking the immune system response.[10] In this context, transport proteins, especially serum albumins, have been employed as models to investigate the photobinding process.[11]

In connection with the photoallergic properties of **CPF**,[12] its photobinding to HSA has been reported; the process is thought to involve formation of aryl radicals (CBZ˙) resulting from C-Cl photocleavage and can be followed by incorporation of the fluorophore to the biomacromolecule.[8b,13] The process can be monitored by following the changes in the fluorescence band at increasing irradiation times, since the fluorescence quantum yield (ϕ_F) of resulting CBZ is much higher than that of parent **CPF**.

The analogies and differences between species in drug response are due to pharmacokinetic or pharmacodynamic aspects. Species differences are often unpredictable and generalizations are not easy to make. In the case of NSAIDs, some pharmacokinetic aspects (such as protein binding and distribution volumes) do not display significant variations between species, while others (i. e. clearance and elimination half-life) do. Concerning pharmacodynamic aspects, significant differences exist among animal species for this family of drugs, such as the relative potencies for inhibition of the COX-1 and COX-2 isoforms.[14]

In this context, the aim of the present work is to elucidate if there is a common recognition center for NSAIDs in SAs of different species, using the **CPF** as a photoactive probe for different SAs [human (HSA), bovine (BSA), porcine (PSA), rabbit (RbSA), rat (RtSA) and sheep (SSA)]. As a matter of fact, the combined information obtained from photoreactivity, proteomic and molecular dynamic simulation studies unambiguously demonstrated the existence of a common recognition center for **CPF** in SAs of the different species, in the interface between subdomains IB and IIIA.

3.2. Results and Discussion

The obtained results are presented below, arranged under separate headings dealing with dark binding interactions, covalent photobinding and theoretical calculations.

3.2.1. Dark binding interactions in CPF/SA complexes

Non-covalent binding of **CPF** to SAs resulted in very subtle changes in the intensity and relative position of the **CPF** characteristic bands in the absorption spectra. Thus, shifts in the order of 3-5 nm were noticed in the spectra of 1:1 complexes (**CPF/SA**) respect to those obtained by addition of independent drug and protein contributions (**CPF+SA**) (Table 3.1). The set of spectra for all the SAs is presented in Figure 3.1.

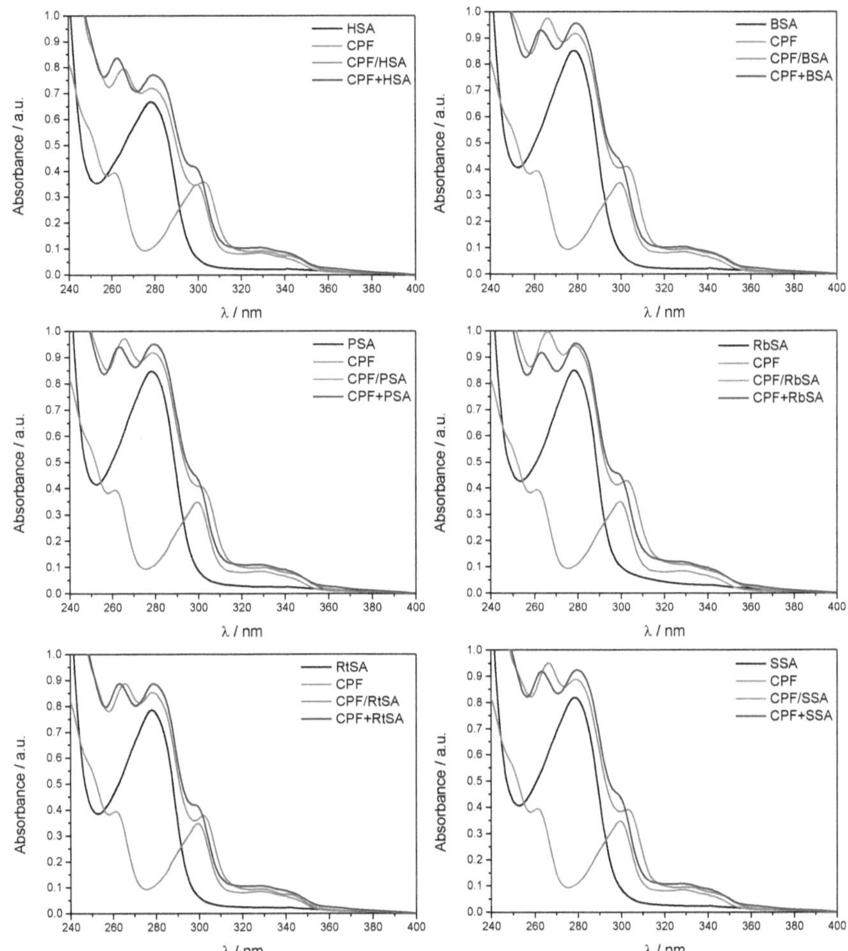

Figure 3.1. Absorption spectra of **CPF**, SA, **CPF**/SA at 1:1 molar ratio and simulated spectra obtained by addition of isolated **CPF** and SA spectra (**CPF** + SA). Concentration of drug and protein was 2×10^{-5} M.

Table 3.1. Photophysical data on **CPF**/SAs complexes

Complex	$\Delta\lambda_1,\Delta\lambda_2$[a]	Absorption (**CPF**/SA)[b]	Emission (**CPF**/SA)[c]	τ_T[d]	I_F[e]
CPF/HSA	3, 4	28/72	74/37	9.3	1.0
CPF/BSA	3, 5	31/69	75/39	15.7	0.8
CPF/PSA	3, 3	35/65	60/42	12.4	1.4
CPF/RbSA	3, 5	29/71	62/45	6.4	2.0
CPF/RtSA	4, 5	32/68	68/40	10.6	2.2
CPF/SSA	3, 4	30/70	70/40	16.1	1.0

[a] Shifts of the position of characteristic absorption bands in **CPF**/SA respect to **CPF**+SA, in nm; $\Delta\lambda_1$ correspond to the band at *ca.* 270 nm and $\Delta\lambda_2$ to the band at *ca.* 305 nm; [b] contribution to absorption, defined as the percentage of light absorbed at 266 nm by drug and protein, calculated from separate 8×10^{-6} M solutions of each component; [c] contribution to emission, determined from fitting of emission band; [d] average lifetime, at λ_{exc} = 355 nm, under air, in microseconds. The value in the absence of protein is lower than 1 μs. [e] Relative fluorescence intensity at the maxima for irradiated **CPF**/SAs, after Sephadex filtration, taking **CPF**/HSA as reference.

Complexation was also evidenced by energy transfer from Trp (of SA) to **CPF** in fluorescence experiments, upon excitation at 266 nm. The relative amount of light absorbed at this wavelength by the drug and the protein was determined from the UV absorption spectra. The real emission was then compared with that calculated from independent contributions of **CPF** and SA. The results, which are not corrected to take into account the inner filter effect,[15] are presented in Table 3.1 and in Figure 3.2. In all cases, although SAs were the main absorbing species at the excitation wavelength, their contribution to the emission was lower than that of **CPF**. The fact that the added values in emission were higher than 100, indicated that energy transfer from the protein is more efficient producing fluorescence than direct excitation of **CPF** at 266 nm.

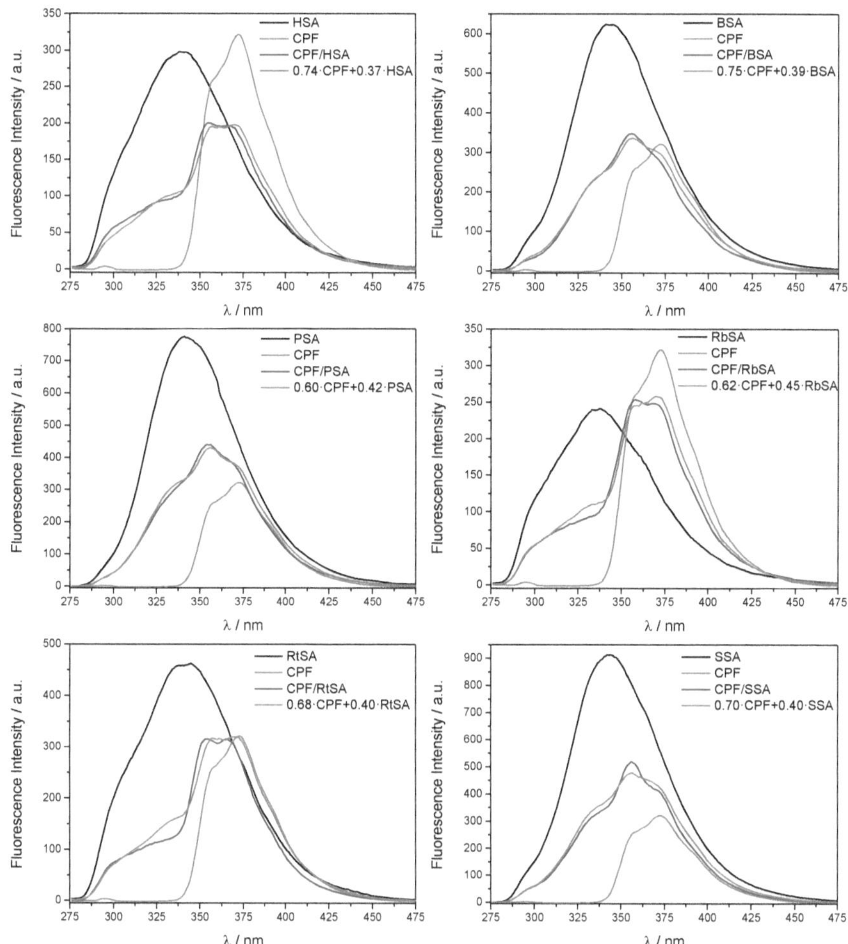

Figure 3.2. Fluorescence spectra of **CPF**, SA, **CPF**/SA at 1:1 molar ratio and simulated spectra calculated from independent contributions of **CPF** and SA (CPF+SA). Absorbance of the samples was 0.1 at λ_{exc} = 266 nm.

Finally, laser flash photolysis was performed at λ_{exc} = 355 nm for **CPF**/SAs. This time, complexation was evidenced by lengthening (by one order of magnitude) of triplet excited state decays (^{3}**CPF***) monitored at λ = 450 nm in the presence of SAs (Table 3.1 and Figure 3.3).

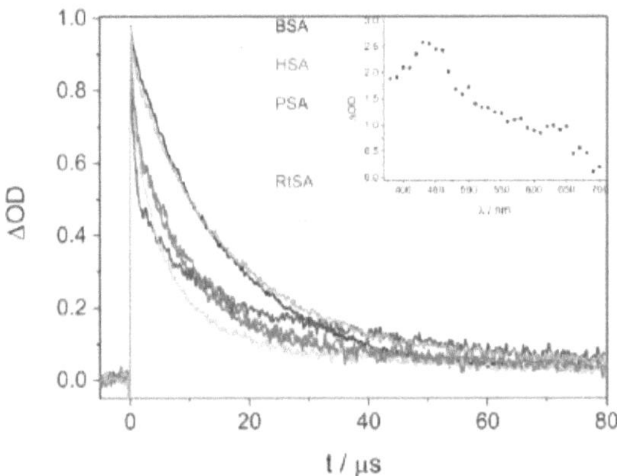

Figure 3.3. Laser flash photolysis of **CPF** ([**CPF**] = 10^{-4} M, λ_{exc} = 355 nm, PBS, air) in the presence of different SAs at 1:1 drug/protein molar ratio. Decays monitored at λ = 450 nm. Inset. Transient absorption spectra of **CPF**/HSA 1.4 μs after the laser shot.

3.2.2. Covalent drug-protein photobinding

Solutions of **CPF**/SA (1:1 molar ratio) were irradiated at λ = 320 nm. The spectra recorded before (black traces) and after 3 minutes of irradiation (red traces) are shown in Figure 3.4. In general, the emission bands of the irradiated samples were more intense.

This is in agreement with the occurrence of photodehalogenation, leading to products with a ϕ_F much higher than that of **CPF**.[16]

To check whether covalent modification of the proteins was occurring, the photolysates were treated with 6M of guanidinium chloride and filtered through Sephadex (see experimental details in the Section 1.5.5), a process that allows removing the species of low molecular weight. The obtained spectra are also shown in Figure 3.4 (blue traces). In general, filtration through Sephadex was associated with a remarkable decrease of the emission intensity (compare red and blue traces), indicating that an important fraction of the generated photoproducts was not bound to the protein. Nonetheless, emission was still clearly observed, demonstrating that **CPF**-derived species are covalently attached to the SAs. In parallel, non-irradiated samples of **CPF**/SAs were subjected to the same work up, as control experiments; as expected from the lack of covalently bound adducts, no emission was observed in these cases. The extent of photobinding relative to the **CPF**/HSA system is given in Table 3.1.

Having demonstrated the photobinding of **CPF** to the SAs by gel filtration chromatography coupled with fluorescence measurements, the formation of covalent photoadducts was investigated in more detail by proteomic analysis. These studies were expected to provide precise information of which amino acid(s) are covalently modified. Thus, the photoreactivity of **CPF** with the six SAs was addressed. The irradiated **CPF**/SAs systems were filtered to remove excess of ligand; then, trypsin or endoproteinase Glu-C digestions were followed by HPLC-MS/MS. This was intended to obtain information on

the modified peptide sequence and to characterize the adduct. Full scan and fragmentation data files were analyzed by using the Mascot® database search engine (Matrix Science, Boston, MA, USA) and by entering variable modifications that take into account
the main possible residues (FWY) able to react with the carbazolyl radical **CBZ•** obtained after dehalogenation of **CPF**.

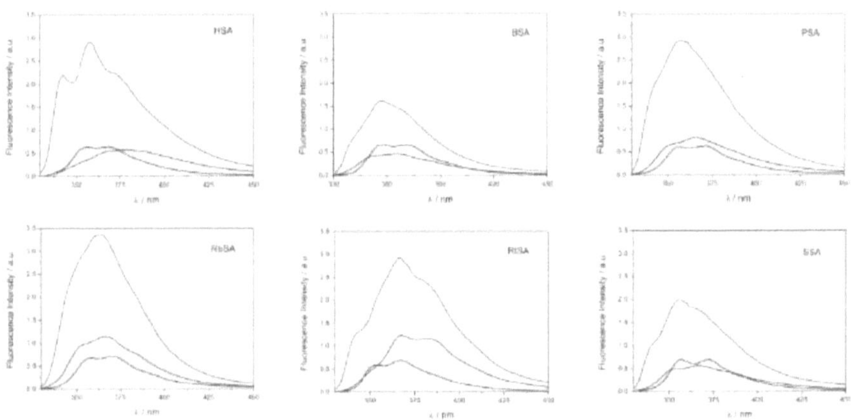

Figure 3.4. Fluorescence spectra of **CPF**/SA mixtures at 1:1 drug/protein molar ratio: before
irradiation (black trace), after 3 min of irradiation at λ_{exc} = 320 nm (red trace) and after Sephadex filtration of the photolyzate (blue trace).

For the human protein, the main results confirmed identification of **CBZ**-HSA derived
peptide adducts at Phe134, Trp214 and Tyr452 (Figure 3.5 and Table 3.2), according to
the ESI-MS/MS spectra and fragmentation pattern of the modified peptides, that agreed
well with the "y" and "b" ion series (see Section 3.6 Supplementary Material).

```
  1 MKWVTFISLL FLFSSAYSRG VFRRDAHKSE VAHRFKDLGE ENFKALVLIA
 51 FAQYLQQCPF EDHVKLVNEV TEFAKTCVAD ESAENCDKSL HTLFGDKLCT
101 VATLRETYGE MADCCAKQEP ERNECFLQHK DDNPNLPRLV RPEVDVMCTA
151 FHDNEET LK KYLYEIARRH PYFYAPELLF FAKRYKAAFT ECCQAADKAA
201 CLLPKLDELR DEGKASSAKQ RLKCASLQKF GERAFKA AV ARLSQRFPKA
251 EFAEVSKLVT DLTKVHTECC HGDLLECADD RADLAKYICE NQDSISSKLK
301 ECCEKPLLEK SHCIAEVEND EMPADLPSLA ADFVESKDVC KNYAEAKDVF
351 LGMFLYEYAR RHPDYSVVLL LRLAKTYETT LEKCCAAADP HECYAKVFDE
401 FKPLVEEPQN LIKQNCELFE QLGEYKFQNA LLVRYTKKVP QVSTPTLVEV
451 SRNLGKVGSK CCKHPEAKRM PCAED LSVV LNQLCVLHEK TPVSDRVTKC
501 CTESLVNRRP CFSALEVDET YVPKEFNAET FTFHADICTL SEKERQIKKQ
551 TALVELVKHK PKATKEQLKA VMDDFAAFVE KCCKADDKET CFAEEGKKLV
601 AASQAALGL
```

Figure 3.5. Amino acid sequence of HSA, with the amino acids modified by covalent binding of CBZ indicated in red.

Table 3.2. Modified peptides in HSA, with experimental and calculated mass values

Peptide	Mr exp	Mr calc[a]
LVRPEVDVMCTAFHDNEET LKK	3014.4445	3014.4306
AFKA AVAR	1255.6516	1255.6502
D LSVVLNQLCVLHE	2037.9448	2037.9870

[a] Monoisotopic mass of peptide

Table 3.3. Summary of the experimentally observed covalent modifications in diverse homologous serum albumins[a,b,c]

Binding pocket	HSA	BSA	PSA	RbSA	RtSA	SSA
IB	Phe134	Tyr137		Phe134 Tyr138 Phe149	Phe134 Tyr138, Phe149 Tyr161	Tyr137
IIA	Trp214			Tyr291		
IIB		Phe325 Phe329			Phe330	Phe325 Phe329
IB/IIIA interface	Tyr452	Tyr451	Tyr451	Tyr452	Tyr452	Tyr451
IIIB		Phe508	Phe550		Phe509	

[a] Only non-external modifications are considered. [b] The modifications are organized according to the binding pocket. [c] The indicated numbering is the one used in the available crystallographic structures where the position of the first 24 amino acids is not resolved.

The procedure was performed for the whole set of investigated proteins. The observed modified amino acids are indicated in Table 3.3; the protein sequence with the modified amino acids highlighted together with the ESI-MS/MS spectra and fragmentation pattern of all the peptide sequences are presented in Section 3.6 Supplementary Material. Remarkably, for the six homologous proteins, covalent modification of the tyrosine residue located at the interface between sub-domain IB and IIIA was obtained (Tyr452 for HSA).

A plausible mechanism for the photomodification of SAs is depicted in Scheme 3.1. It involves reaction of ^{3}**CPF*** with Trp to afford the corresponding radical ion pairs; the CBZ radical formed after loss of Cl$^-$ would react with Phe, Tyr or Trp resulting in covalent binding to these residues.

Scheme 3.1. Proposed covalent modification mechanism.

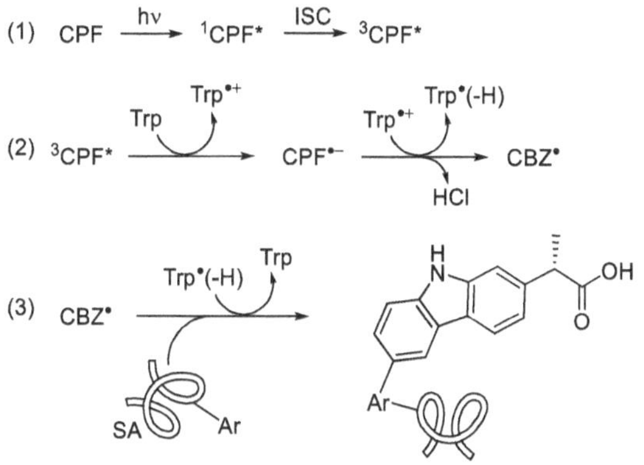

(1) CPF $\xrightarrow{h\nu}$ ^{1}CPF* $\xrightarrow{ISC}$ ^{3}CPF*

(2) ^{3}CPF* $\xrightarrow{\text{Trp} \rightarrow \text{Trp}^{\bullet+}}$ CPF$^{\bullet-}$ $\xrightarrow{\text{Trp}^{\bullet+} \rightarrow \text{Trp}^{\bullet}(-H),\ HCl}$ CBZ$^{\bullet}$

(3) CBZ$^{\bullet}$ $\xrightarrow{\text{Trp}^{\bullet}(-H) \rightarrow \text{Trp}}$

3.2.3. Molecular modelling studies

For the six homologous proteins the covalent modification of the tyrosine residue located in helix h4-III[17] of sub-domain IIIA was obtained (Tyr452 for HSA). This suggested that the main binding pocket of **CPF** is the interface region of sub-domains IIIA and IB, in which the tyrosine residue is located (Figure 3.6A). The latter residue is placed on the cleft of the serum albumin "V" structure and about 10 Å away from Trp214 (in HSA). Another relevant binding pocket of **CPF** to serum albumins, which was identified in four of the six proteins, is the most accessible part of sub-domain IB involving helix h7-I, h8-I, h9-I and h10-I (Figure 3.6B). Moreover, with the exception of HSA and PorSA, binding to the pocket composed by helix h7-II, h8-II and h9-II in sub-domain IIB was identified (Figure 3.6B). The proteomic results also showed that for HSA, as well as RbSA protein, binding to site I (sub-domain IIA) takes place.

In order to get a better understanding of the binding interactions responsible for the affinity of **CPF** to SA proteins, the binding mode of this compound in atomic detail was explored. These studies were focused on HSA and on the main binding pockets identified by the proteomic studies: (i) "V" cleft between domains I and II; and (ii) sub-domain IB (Figure 6). To this end, molecular docking using GOLD 5.2.2[18] program and the protein coordinates found in the crystal structure of HSA in complex with palmitic acid (PDB code 4BKE,[19] 2.35 Å) was first used. This structure was chosen because contains ligand molecules (palmitic acid) in some of the regions studied in this work and has higher resolution than other HSA structures. The proposed binding mode was further analysed by Molecular Dynamics (MD) simulation studies in order to assess the stability and therefore the reliability of the postulated binding. The results of these studies in the three pockets are discussed below.

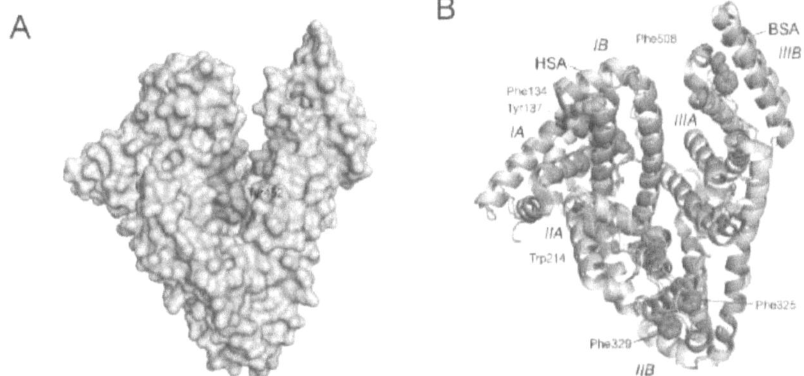

Figure 3.6. Determined binding pockets of carprofen to serum albumin proteins. (A) Main recognition pocket that is located in the cleft of the serum albumin "V" structure (green) involving the interface region between sub-domains IIIA and IB. The experimentally observed modified residue is highlighted in yellow. The structure corresponds to wild-type HSA (PDB 1E7B). (B) Other relevant binding pockets observed in two of the proteins studied. The crystal structures of HSA (PDB 1E7B, grey) and BSA (PDB 3V03, blue) are compared showing the determined pockets and the modified residues as spheres (orange for HSA and purple for BSA). The sub-domains of serum albumins are also labeled.

3.2.4. Binding to "V" cleft pocket

Our MD simulation studies revealed that the binary **CPF**/HSA-V cleft complex is very stable, confirming the reliability of the proposed binding. Thus, an analysis of the root-mean-square deviation (rmsd) for the three domains of protein backbone (Cα, C, N and O atoms) calculated for the complex obtained from MD simulation studies (150–200 ns) revealed that it varied slightly, in particular for sub-domains IIIA (0.6 to 1.9 Å) and IB (0.9 to 1.2 Å) that surround the ligands (Figure 3.7).

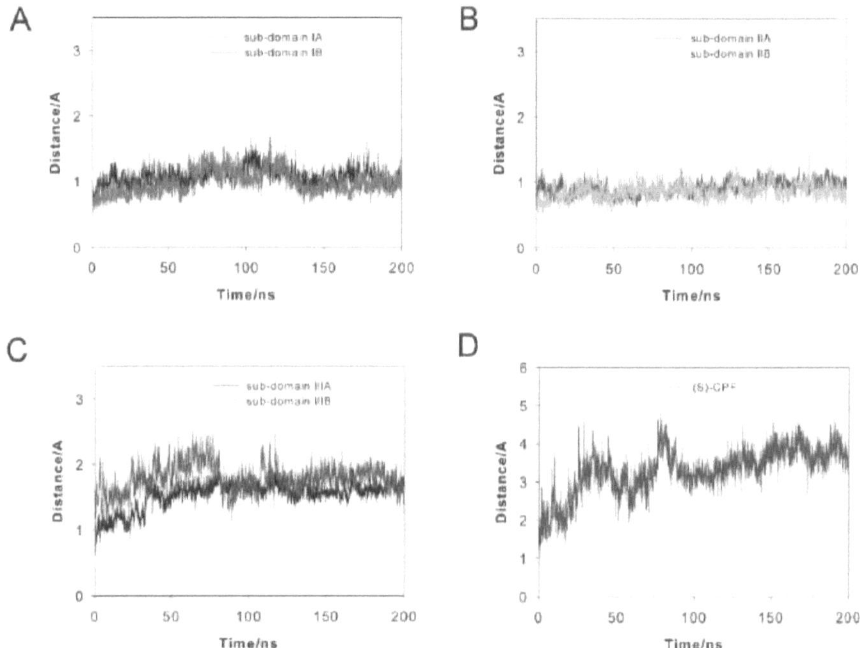

Figure 3.7. The rmsd plots for the three domains protein backbone (Cα, C, N and O atoms) and ligand calculated for the binary CPF/HSA-V cleft complex obtained from MD simulation studies: (A) domain I; (B) domain II; (C) domain III; and (D) CPF. Note how the complex is stable during the simulation as no significant changes are observed during the 200 ns of simulation.

As expected, the more flexible part of the complex showed to be sub-domain IIIB, which is the one of the most accessible sub-domains of the protein that in the absence of ligand bounded undergoes conformational changes up to 10 Å.[20] Moreover, at the beginning of

the simulation (the first ~30 ns) a small displacement of the ligand was observed resulting from the initial adjustment of a large ligand into the structure. But eventually the
ligand revealed to be stable during most of the simulation (~170 ns). Considering the
high sequence similarity of the studied serum albumins in general, and of the "V" cleft in
particular (see Figure 3.6.7 in the Section 3.6 Supplementary Material), we believe that
the proposed binding mode of **CPF** for HSA would be quite similar for the other homologous proteins.

As Figure 3.8 shows, **CPF** would be anchored to the "V" cleft pocket through its carboxylate group through strong electrostatic interactions with the guanidinium group of
Arg114 and the ε-amino group of Lys190 and a strong hydrogen bonding between the
NH group of its aromatic moiety and the side chain carbonyl group of Asn429. In addition, the aromatic ring is stabilized by numerous lipophilic interactions with the apolar
residues that surround it involving residues Ala191, Ala194, Val433, Val455, Val456,
Val426 and Gln459. Under this arrangement, the C4 carbon atom attached to the chlorine atom in **CPF** would be located pointing towards the side chain of Tyr452, which is
the only aromatic residue in the vicinity of the ligand. The proposed binding mode would
explain therefore the experimentally observed covalent modification of Tyr452.

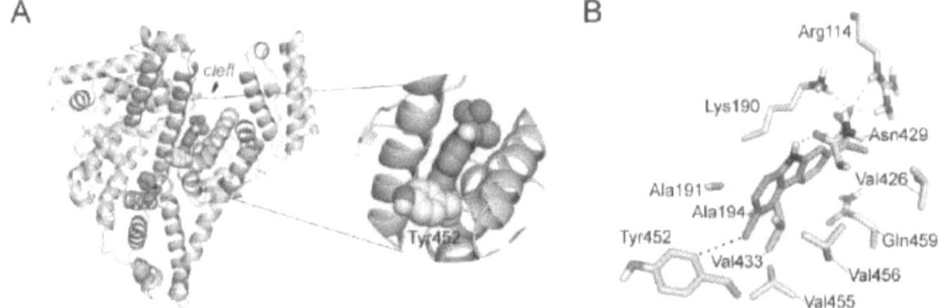

Figure 3.8. (A) Overall view of the proposed binary CPF/HSA-V cleft complex obtained by docking and MD simulation studies. A Snapshot after 150 ns is shown. (B) Detailed view of the CPF/HSA-V cleft complex. Relevant side chain residues are shown and labelled. Polar (red) contacts and distances (black) to Tyr452 are shown as dashed lines.

It was previously suggested that **CPF** binds with high affinity to site II and with weaker affinity to site I on HSA.[21] This was corroborated with diverse competition studies with site specific drugs such as (*S*)-ibuprofen (IBU, site II) and warfarin (site I). As it would be discussed below, the proteomic and molecular modelling studies reported here also corroborate site I as a secondary binding site of **CPF**. However, our results clearly showed that the main binding pocket of **CPF** is the cleft of the serum albumin "V" structure and not site II, as no covalent modifications of the aromatic residues of this pocket were observed in any of the six proteins studied. Reasoning that: (1) as observed in the crystal structure of HSA in complex with two molecules of ibuprofen (PDB code 2BXG,[22] 2.7 Å), this cleft is located nearby to site II; and (2) the significant conformational changes that HSA can undergo upon binding ligands, specifically in domains I and

III, as previously reported by Curry *et al*[23] and also by us[20], we considered that the experimentally observed displacement of **CPF** by ibuprofen, which suggest site II as the main binding pocket, is also in agreement with the herein proposed binding. Thus, we believe that the higher affinity of ibuprofen than **CPF** to HSA and the expected conformational changes resulting of ibuprofen binding, in particular in the proximity of site II, might disfavor the binding of **CPF** to the "V" cleft of the protein. As a consequence, **CPF** would be displaced from its main binding pocket by an allosteric effect in site II, rather than a molecular displacement. In order to corroborate this allosteric modulation hypothesis, the conformational changes that **CPF**/HSA complex undergoes upon ibuprofen binding were studied by MD simulation studies. To this end, **CPF** was manually docked into the "V" cleft of the tertiary IBU/HSA complex (PDB code 2BXG) with the arrangement observed in the binary **CPF**/HSA complex (Figure 3.8B) and the resulting quaternary complex was subjected to 100 ns of MD simulation. The opposite case was also explored, i.e. the addition of two molecules of ibuprofen to the binary **CPF**/HSA complex, providing similar results. Whereas no significant changes were observed in the binding mode of the two ibuprofen molecules (*S*-isomer), which remain stable during the whole simulation (Figures 3.9A and 3.9B), **CPF** underwent a large displacement from its original binding pocket (up to 15 Å) as well as significant variations in its binding arrangement (rotation) as a consequence of the loss of its main anchoring interactions (Figure 3.9C). This is clearly visualized by comparison of its position in the binary **CPF**/HSA complex and after 100 ns of dynamic simulation in the quaternary

IBU+IBU+**CPF**/HSA complex (Figure 3.9D). The binding free energy calculated for each ligand in their corresponding pockets of the complex also highlighted the lower binding affinity of **CPF** (Table 3.4, entries 3 *vs* 1). This was calculated using the MM/PBSA[24] approach in implicit water (generalised Born, GB) as implemented in Amber. Thus, whereas the affinity of ibuprofen to both pockets is retained or even increased, a large decrease on the calculated binding free energy of **CPF** is predicted (~ 6.8 kcal).

Table 3.4. Calculated Binding Free Energies using MM/PBSA of diverse HSA/ligand(s) complexes to distinct pockets of the protein.

Entry	Complex	Ligand(s)	*"V" cleft*	*sub-domain IB*	*site II*	*sub-domain IIB*
1	Binary	**CPF**	-28.5 ± 0.4[a]			
2		**CPF**		-37.5 ± 0.2[a]		
3	Quaternary	IBU (×2) + **CPF**	-21.7 ± 0.2[a]		-40.8 ± 0.5[a]	-40.6 ± 0.2[a]

[a] standard error of mean.

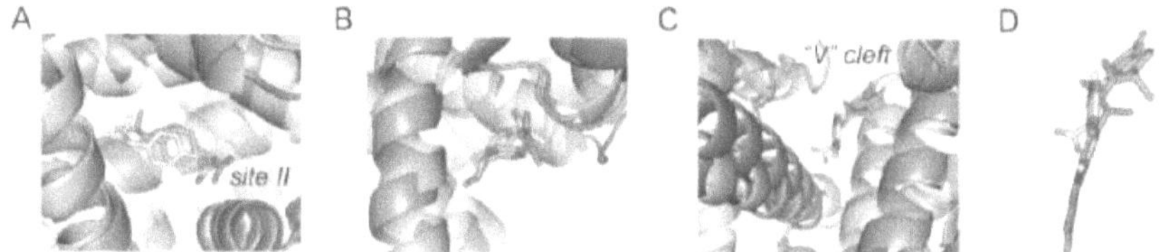

Figure 3.9. (A-C) Comparison of the quaternary IBU+IBU+**CPF** HSA/ complex after mini-misation and prior to simulation (grey) and after 100 ns of dynamic simulation (green). A close view of IBU (A and B) and **CPF** (C) binding sites is provided. (D) Comparison of the position of CPF in the binary CPF/HSA/ complex (see Fig. 3.5B) and in the quaternary one (A−C). Note how whereas for IBU no significant changes are observed during the simulation, CPF is displaced from its binding pocket even prior to simulation.

3.2.5. Binding to sub-domain IB

The results of proteomic studies revealed also that **CPF** binds to sub-domain IB. In all serum albumin proteins, this is a pocket rich in phenylalanine and tyrosine residues and, even in some cases it is composed by a tryptophan residue (Trp158 in PSA, SSA and BSA). It recognizes compounds such as palmitic acid (PDB code 4BKE[19]), bicalutamide (PDB code 4LA0[25]) and hemin (PDB code 1O9X[26]). Our computational studies revealed that **CPF** would be anchored to HSA pocket through an electrostatic interaction of its carboxylate group with the guanidinium group of Arg117 and a hydrogen bonding with the phenol group of Tyr161 (Figure 3.10). In addition, the aromatic moiety of the ligand would have favorable lipophilic interactions with diverse residues, specifically, Leu115, Met123, Leu135, Tyr138, Tyr161, Phe165, Leu182, and the carbon side chain of Lys162. No interactions for the NH group of the ligand were identified. Under this arrangement, the experimentally observed modified Phe134 would be the closest aromatic residue to the chlorine atom of the ligand (Figure 3.10B). Moreover, the binding free energies calculated predicted a high affinity for this pocket (Table 3.4, entry 2). An analysis of rmsd for the three domains of protein backbone (Cα, C, N and O atoms) calculated for the complex obtained from MD simulation studies revealed that it is very stable (Figure 3.11).

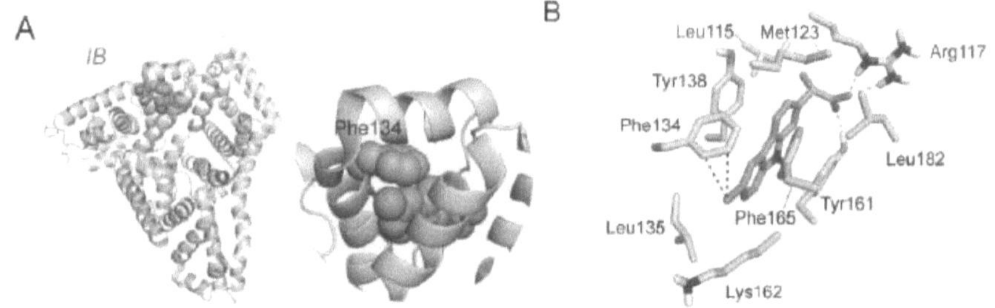

Figure 3.10. (A) Overall view of the binary **CPF**/HSA-IB complex obtained by docking and MD simulation studies. The ligand and residue modified are shown as spheres. (B) The viewpoint showed corresponds to snapshot after 50 ns of MD simulation. Relevant side chain residues are shown and labelled. Polar (red) contacts and distances (black) to Phe134 are shown as dashed lines.

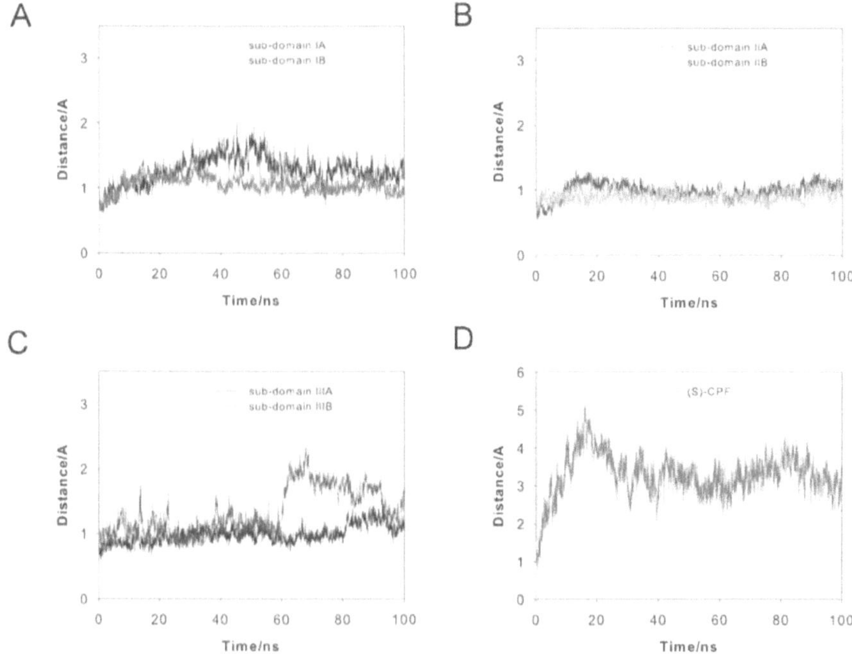

Figure 3.11. The rmsd plots for the three domains protein backbone (Cα, C, N and O atoms) and ligand calculated for the binary **CPF**/HSA-IB complex obtained from MD simulation studies: (A) domain I; (B) domain II; (C) domain III; and (D) **CPF**.

3.3. Conclusions

In the dark, **CPF** binds to serum albumins of different species, giving rise to non-covalent complexes. These complexes show characteristic features in their photophysical properties, being especially noteworthy the lengthening of their triplet excited state lifetimes by at least one order of magnitude. Irradiation of the complexes by selective excitation of the **CPF** chromophore leads to irreversible covalent binding, as demonstrated by gel filtration chromatography, where incorporation of the fluorophore to the protein fraction is clearly observed. Digestion of the irradiated **CPF**/SAs complexes and subsequent proteomic analysis reveal attachment of the photodehalogenated drug to selected amino acid residues. Remarkably in all the investigated proteins, covalent modification of Tyr452 (in HSA, RbSA, RtSA) or Tyr451 (in BSA, PSA, SSA) is consistently observed. This indicates the presence of a common recognition center in SAs, irrespective of the involved species, at the interface between sub-domains IB and IIIA ("V" cleft pocket). Another relevant binding pocket of **CPF** to serum albumins, which was identified in four of the six proteins, proved to be the most accessible part of sub-domain IB. The molecular basis of this common recognition was studied by Molecular Dynamics simulation studies of the corresponding non-covalent complexes. The results revealed that these complexes are very stable and the carbon atom of **CPF** in which the radical is generated, would be in close contact with the identified aromatic residues. Moreover, diverse previously reported competition studies with site specific drugs such as (*S*)-ibuprofen (site II) and warfarin (site I) revealed that **CPF** binds with high affinity to site II and with weaker affinity to site I on HSA. The proteomic and molecular modelling studies reported here also corroborate this idea. Our studies revealed that **CPF** would be displaced by (*S*)-ibuprofen from its main binding pocket by an allosteric effect in site II, rather than an expected direct molecular displacement. The former would be due to: (i) the large conformational changes that HSA can undergo upon binding ligands, and (ii) the close proximity of this cleft to site II. The reported integrated strategy that involves irradiation of **CPF**/SA complexes, coupled with fluorescence, identification of the photoinduced modified amino acid residues by proteomic analysis, docking and MD simulation studies could, in principle, be extended to a variety of protein/ligand complexes if an active chromophore is present in the ligand.

3.4. Experimental

3.4.1. General

Racemic carprofen, **HSA**, **BSA**, **PSA**, **RbSA**, **RtSA** and **SSA** were commercially available. Spectrophotometric, HPLC or reagent grade solvents were used without further purification. Solutions of phosphate-buffered saline (PBS) (0.01 M, pH 7.4) were prepared by dissolving phosphate-buffered saline tablets in Milli-Q water. Steady state absorption spectra were recorded in a JASCO V-630 spectrophotometer. Analytic HPLC analysis was performed by means of a Waters HPLC system connected to a PDA Waters 2996 detector. HPLC isolation was carried out on a JASCO HPLC equipment, composed of a DG-2080-54 degasification system, LG-2080-04 mixer and a PU-2080 pump connected to a UV-1575 detector. The (S)-enantiomer of carprofen was separated from a 1.8 M racemic mixture in methyl *tert*-butyl ether by HPLC (Technocroma Kromasil 100-TBB column, mobile phase hexane/methyl *tert*-butyl ether/acetic acid (45:55:0.1, v/v/v) flow 2.2 mL/min.

3.4.2. Fluorescence Experiments

Spectra were recorded on a JASCO FP-8500 spectrofluorometer system, provided with a monochromator in the wavelength range of 200–850 nm, at 22 °C. Experiments were performed on solutions of **CPF** (2.5×10^{-5} M) in the presence of SAs (at 1:1 **CPF**/SA), employing 10×10 mm^2 quartz cells with 4 mL capacity.

3.4.3. Laser Flash Photolysis Experiments

A Q-switched Nd:YAG laser (Quantel Brilliant, 355 nm, 15 mJ per pulse, 5 ns fwhm) coupled to a mLFP-111 Luzchem miniaturized equipment was employed. This transient absorption spectrometer includes a ceramic xenon light source, 125 mm monochromator, Tektronix 9-bit digitizer TDS-3000 series with 300 MHz bandwidth, compact photomultiplier, power supply, cell holder and fiber optic connectors, fiber optic sensor for laser-sensing pretrigger signal, computer interfaces, and a software package developed in the LabVIEW environment from National Instruments. The LFP equipment supplies 5 V trigger pulses with programmable frequency and delay. The rise time of the detector/digitizer is ~3 ns up to 300 MHz (2.5 GHz sampling). The monitoring beam is provided by a ceramic xenon lamp and delivered through fiber optic cables. The laser pulse is probed by a fiber that synchronizes the LFP system with the digitizer operating in the pretrigger mode. Transient spectra and kinetic traces were recorded employing 10×10 mm^2 quartz cells with 4 mL capacity. The concentration of **CPF** was 1.0×10^{-4} M, and the **CPF**/SA molar ratio was 1:1. All the experiments were carried out at room temperature. The $<>_T\tau$ values of **CPF** were determined by fitting the decay traces at $\lambda_{max} = 450$ nm by means of a monoexponential function.

3.4.4. Steady-State Photolysis Experiments

Steady-state photolysis of **CPF** (2.5×10^{-5} M) was performed by using a 150 W Xe lamp coupled to a monochromator at lamp output ($\lambda_{exc} = 320$ nm) in PBS under air and in the presence of protein (**CPF**/SA 1:1 molar ratio), through Pyrex. The course of the reaction was followed by monitoring the changes in the fluorescence spectra of the reaction mix-tures at increasing times.

3.4.5. Treatment with Guanidinium Chloride and Filtration through Sephadex

Guanidinium chloride (1.72 mL, 6 M) was added to 3 mL of **CPF**/SA in PBS, in order to cause protein denaturation. The mixture was then filtered through a Sephadex P-10 col-umn. Firstly, 25 mL of pure PBS were eluted; then 2.5 mL of the **CPF**/SA mixture treat-ed with GndCl were eluted. Subsequently, 3.5 mL of PBS were eluted again. The absorp-tion and emission of the final sample were then measured. To take into account the dilution factor, a similar experiment was conducted directly on SA (in the absence of **CPF**). In this way, the ratio between the absorbance value before and after filtration was obtained, which was employed as correction factor in the experiments.

3.5. Supplementary Material

Amino acid sequence of the different SAs with the altered amino acid residues indicated in red, together with the ESI-MS/MS spectra and fragmentation pathway of each modified peptide. The amino acid number is the one used in the available crystallographic structures where the position of the first 24 amino acids is not resolved

CPF/HSA

Amino acid sequence of **HSA** with the altered amino acid residues indicated in red, together with the ESI-MS/MS spectra and fragmentation pathway of each modified peptide

```
  1 MKWVTFISLL FLFSSAYSRG VFRRDAHKSE VAHRFKDLGE ENFKALVLIA
 51 FAQYLQQCPF EDHVKLVNEV TEFAKTCVAD ESAENCDKSL HTLFGDKLCT
101 VATLRETYGE MADCCAKQEP ERNECFLQHK DDNPNLPRLV RPEVDVMCTA
151 FHDNEETFLK KYLYEIARRH PYFYAPELLF FAKRYKAAFT ECCQAADKAA
201 CLLPKLDELR DEGKASSAKQ RLKCASLQKF GERAFKAWAV ARLSQRFPKA
251 EFAEVSKLVT DLTKVHTECC HGDLLECADD RADLAKYICE NQDSISSKLK
301 ECCEKPLLEK SHCIAEVEND EMPADLPSLA ADFVESKDVC KNYAEAKDVF
351 LGMFLYEYAR RHPDYSVVLL LRLAKTYETT LEKCCAAADP HECYAKVFDE
401 FKPLVEEPQN LIKQNCELFE QLGEYKFQNA LLVRYTKKVP QVSTPTLVEV
451 SRNLGKVGSK CCKHPEAKRM PCAEDYLSVV LNQLCVLHEK TPVSDRVTKC
501 CTESLVNRRP CFSALEVDET YVPKEFNAET FTFHADICTL SEKERQIKKQ
551 TALVELVKHK PKATKEQLKA VMDDFAAFVE KCCKADDKET CFAEEGKKLV
601 AASQAALGL
```

Phe134   LVRPEVDVMCTAFHDNEETFLKK

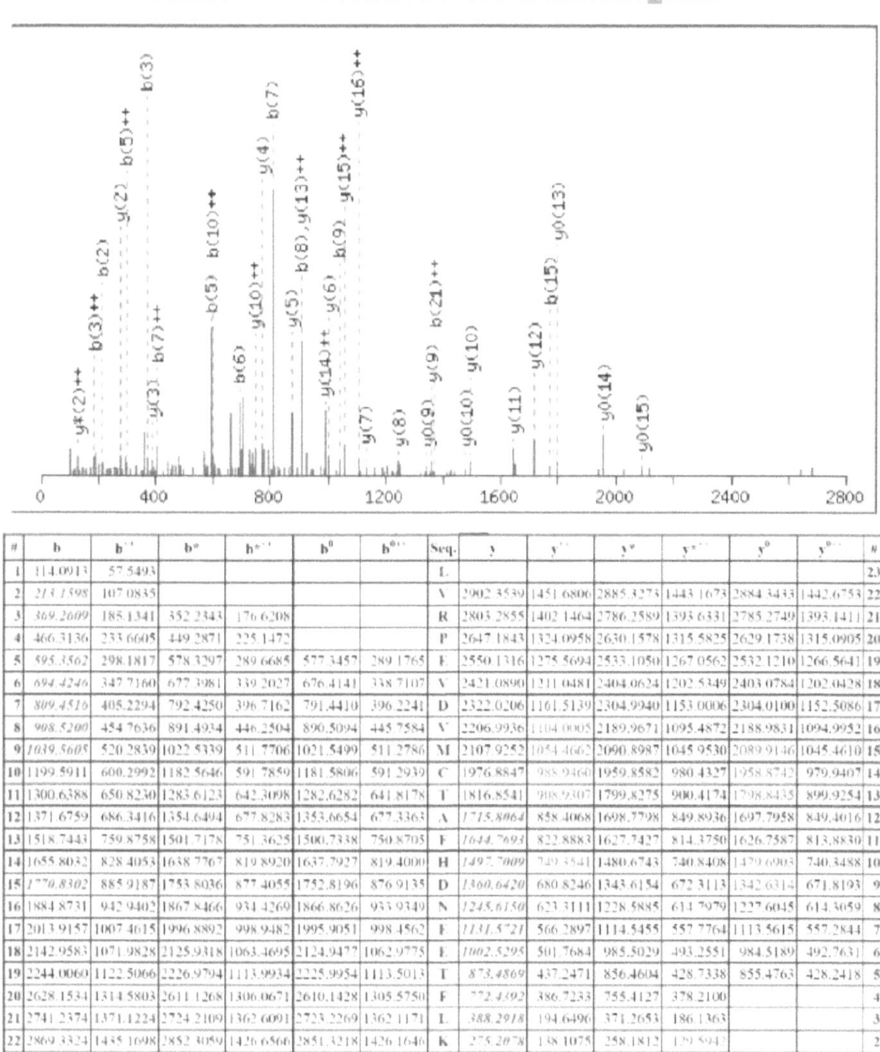

#	b	b''	b*	b*''	b0	b0''	Seq.	y	y''	y*	y*''	y0	y0''	#
1	114.0913	57.5493					L							23
2	213.1598	107.0835					V	2902.3539	1451.6806	2885.3273	1443.1673	2884.3433	1442.6753	22
3	369.2609	185.1341	352.2343	176.6208			R	2803.2855	1402.1464	2786.2589	1393.6331	2785.2749	1393.1411	21
4	466.3136	233.6605	449.2871	225.1472			P	2647.1843	1324.0958	2630.1578	1315.5825	2629.1738	1315.0905	20
5	595.3562	298.1817	578.3297	289.6685	577.3457	289.1765	E	2550.1316	1275.5694	2533.1050	1267.0562	2532.1210	1266.5641	19
6	694.4246	347.7160	677.3981	339.2027	676.4141	338.7107	V	2421.0890	1211.0481	2404.0624	1202.5349	2403.0784	1202.0428	18
7	809.4516	405.2294	792.4250	396.7162	791.4410	396.2241	D	2322.0206	1161.5139	2304.9940	1153.0006	2304.0100	1152.5086	17
8	908.5200	454.7636	891.4934	446.2504	890.5094	445.7584	V	2206.9936	1104.0005	2189.9671	1095.4872	2188.9831	1094.9952	16
9	1039.5605	520.2839	1022.5339	511.7706	1021.5499	511.2786	M	2107.9252	1054.4662	2090.8987	1045.9530	2089.9146	1045.4610	15
10	1199.5911	600.2992	1182.5646	591.7859	1181.5806	591.2939	C	1976.8847	988.9460	1959.8582	980.4327	1958.8742	979.9407	14
11	1300.6388	650.8230	1283.6123	642.3098	1282.6282	641.8178	T	1816.8541	908.9307	1799.8275	900.4174	1798.8435	899.9254	13
12	1371.6759	686.3416	1354.6494	677.8283	1353.6654	677.3363	A	1715.8064	858.4068	1698.7798	849.8936	1697.7958	849.4016	12
13	1518.7443	759.8758	1501.7178	751.3625	1500.7338	750.8705	F	1644.7693	822.8883	1627.7427	814.3750	1626.7587	813.8830	11
14	1655.8032	828.4053	1638.7767	819.8920	1637.7927	819.4000	H	1497.7009	749.3541	1480.6743	740.8408	1479.6903	740.3488	10
15	1770.8302	885.9187	1753.8036	877.4055	1752.8196	876.9135	D	1360.6420	680.8246	1343.6154	672.3113	1342.6314	671.8193	9
16	1884.8731	942.9402	1867.8466	934.4269	1866.8626	933.9349	N	1245.6150	623.3111	1228.5885	614.7979	1227.6045	614.3059	8
17	2013.9157	1007.4615	1996.8892	998.9482	1995.9051	998.4562	E	1131.5721	566.2897	1114.5455	557.7764	1113.5615	557.2844	7
18	2142.9583	1071.9828	2125.9318	1063.4695	2124.9477	1062.9775	E	1002.5295	501.7684	985.5029	493.2551	984.5189	492.7631	6
19	2244.0060	1122.5066	2226.9794	1113.9934	2225.9954	1113.5013	T	873.4869	437.2471	856.4604	428.7338	855.4763	428.2418	5
20	2628.1534	1314.5803	2611.1268	1306.0671	2610.1428	1305.5750	F	772.4392	386.7233	755.4127	378.2100			4
21	2741.2374	1371.1224	2724.2109	1362.6091	2723.2269	1362.1171	L	388.2918	194.6496	371.2653	186.1363			3
22	2869.3324	1435.1698	2852.3059	1426.6566	2851.3218	1426.1646	K	275.2078	138.1075	258.1812	129.5943			2
23							K	147.1128	74.0600	130.0863	65.5468			1

Trp 214   AFKA**W**AVAR

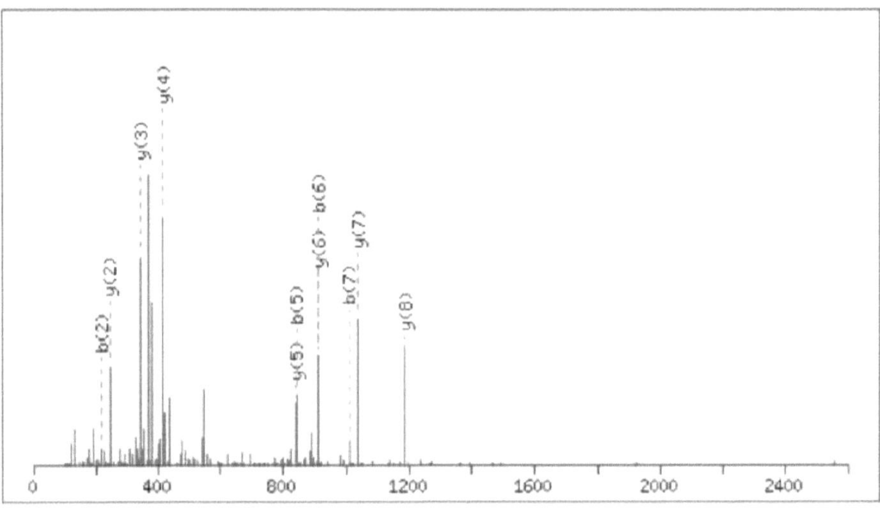

#	b	b^{++}	b*	b*$^{++}$	Seq.	y	y^{++}	y*	y*$^{++}$	#
1	72.0444	36.5258			A					9
2	219.1128	110.0600			F	1185.6204	593.3138	1168.5938	584.8006	8
3	347.2078	174.1075	330.1812	165.5942	K	1038.5520	519.7796	1021.5254	511.2663	7
4	418.2449	209.6261	401.2183	201.1128	A	910.4570	455.7321	893.4305	447.2189	6
5	841.4032	421.2052	824.3766	412.6920	W	839.4199	420.2136	822.3933	411.7003	5
6	912.4403	456.7238	895.4137	448.2105	A	416.2616	208.6344	399.2350	200.1212	4
7	1011.5087	506.2580	994.4822	497.7447	V	345.2245	173.1159	328.1979	164.6026	3
8	1082.5458	541.7765	1065.5193	533.2633	A	246.1561	123.5817	229.1295	115.0684	2
9					R	175.1190	88.0631	158.0924	79.5498	1

Tyr 452   DYLSVVLNQLCVLHE

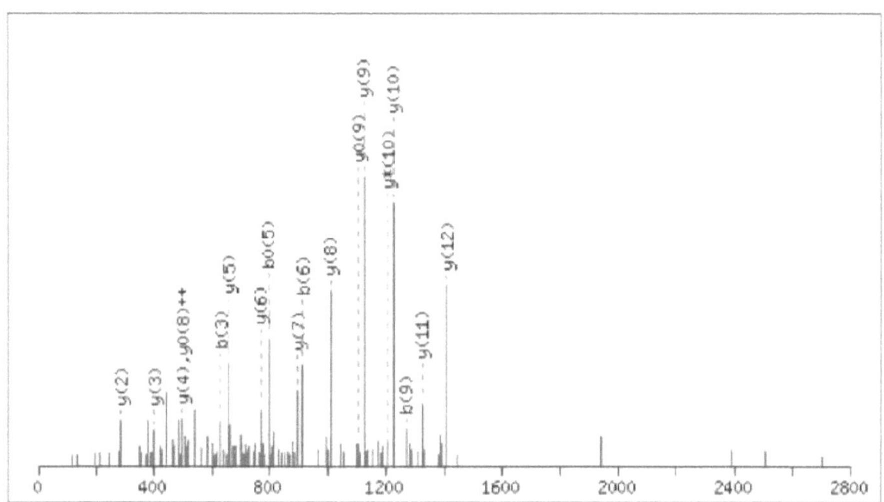

#	b	b⁺⁺	bʷ	b*⁺⁺	b⁰	b⁰⁺⁺	Seq.	y	y⁺⁺	y*	y*⁺⁺	y⁰	y⁰⁺⁺	#
1	116.0342	58.5207			98.0237	49.5155	D							15
2	516.1765	258.5919			498.1660	249.5866	Y	1923.9673	962.4873	1906.9408	953.9740	1905.9568	953.4820	14
3	629.2606	315.1339			611.2500	306.1287	L	1523.8250	762.4162	1506.7985	753.9029	1505.8145	753.4109	13
4	716.2926	358.6499			698.2821	349.6447	S	1410.7410	705.8741	1393.7144	697.3608	1392.7304	696.8688	12
5	815.3610	408.1842			797.3505	399.1789	V	1323.7089	662.3581	1306.6824	653.8448	1305.6984	653.3528	11
6	914.4294	457.7184			896.4189	448.7131	V	1224.6405	612.8239	1207.6140	604.3106	1206.6300	603.8186	10
7	1027.5135	514.2604			1009.5029	505.2551	L	1125.5721	563.2897	1108.5456	554.7764	1107.5615	554.2844	9
8	1141.5564	571.2819	1124.5299	562.7686	1123.5459	562.2766	N	1012.4880	506.7477	995.4615	498.2344	994.4775	497.7424	8
9	1269.6150	635.3111	1252.5885	626.7979	1251.6045	626.3059	Q	898.4451	449.7262	881.4186	441.2129	880.4346	440.7209	7
10	1382.6991	691.8532	1365.6725	683.3399	1364.6885	682.8479	L	770.3865	385.6969			752.3760	376.6916	6
11	1542.7297	771.8685	1525.7032	763.3552	1524.7192	762.8632	C	657.3025	329.1549			639.2919	320.1496	5
12	1641.7981	821.4027	1624.7716	812.8894	1623.7876	812.3974	V	497.2718	249.1396			479.2613	240.1343	4
13	1754.8822	877.9447	1737.8557	869.4315	1736.8716	868.9395	L	398.2034	199.6053			380.1928	190.6001	3
14	1891.9411	946.4742	1874.9146	937.9609	1873.9306	937.4689	H	285.1193	143.0633			267.1088	134.0580	2
15							E	148.0604	74.5339			130.0499	65.5286	1

CPF/BSA

Amino acid sequence of **BSA** with the altered amino acid residues indicated in red, together
with the ESI-MS/MS spectra and fragmentation pathway of each modified peptide


```
  1 MKWVTFISLL LLFSSAYSRG VFRRDTHKSE IAHRFKDLGE EHFKGLVLIA
 51 FSQYLQQCPF DEHVKLVNEL TEFAKTCVAD ESHAGCEKSL HTLFGDELCK
101 VASLRETYGD MADCCEKQEP ERNECFLSHK DDSPDLPKLK PDPNTLCDEF
151 KADEKKFWGK YLYEIARRHP YFYAPELLYY ANKYNGVFQE CCQAEDKGAC
201 LLPKIETMRE KVLASSARQR LRCASIQKFG ERALKAWSVA RLSQKFPKAE
251 FVEVTKLVTD LTKVHKECCH GDLLECADDR ADLAKYICDN QDTISSKLKE
301 CCDKPLLEKS HCIAEVEKDA IPENLPPLTA DFAEDKDVCK NYQEAKDAFL
351 GSFLYEYSRR HPEYAVSVLL RLAKEYEATL EECCAKDDPH ACYSTVFDKL
401 KHLVDEPQNL IKQNCDQFEK LGEYGFQNAL IVRYTRKVPQ VSTPTLVEVS
451 RSLGKVGTRC CTKPESERMP CTEDYLSLIL NRLCVLHEKT PVSEKVTKCC
501 TESLVNRRPC FSALTPDETY VPKAFDEKLF TFHADICTLP DTEKQIKKQT
551 ALVELLKHKP KATEEQLKTV MENFVAFVDK CCAADDKEAC FAVEGPKLVV
601 STQTALA
```

Tyr137   YLYEIAR

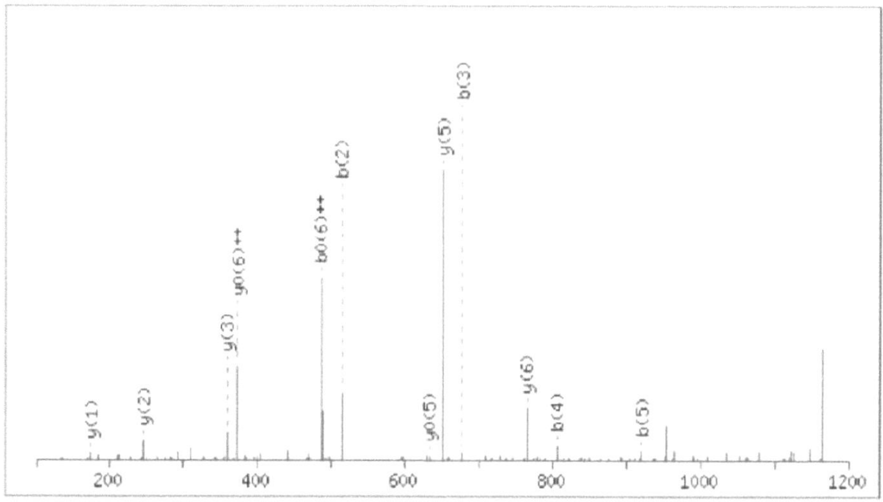

#	b	b⁺⁺	b⁰	b⁰⁺⁺	Seq.	y	y⁺⁺	y*	yʷ⁺⁺	y⁰	y⁰⁺⁺	#
1	401.1496	201.0784			Y							7
2	514.2336	257.6205			L	764.4301	382.7187	747.4036	374.2054	746.4196	373.7134	6
3	677.2970	339.1521			Y	651.3461	326.1767	634.3195	317.6634	633.3355	317.1714	5
4	806.3396	403.6734	788.3290	394.6681	E	488.2827	244.6450	471.2562	236.1317	470.2722	235.6397	4
5	919.4236	460.2155	901.4131	451.2102	I	359.2401	180.1237	342.2136	171.6104			3
6	990.4607	495.7340	972.4502	486.7287	A	246.1561	123.5817	229.1295	115.0684			2
7					R	175.1190	88.0631	158.0924	79.5498			1

Phe325   DAFLGSFLYEYSR

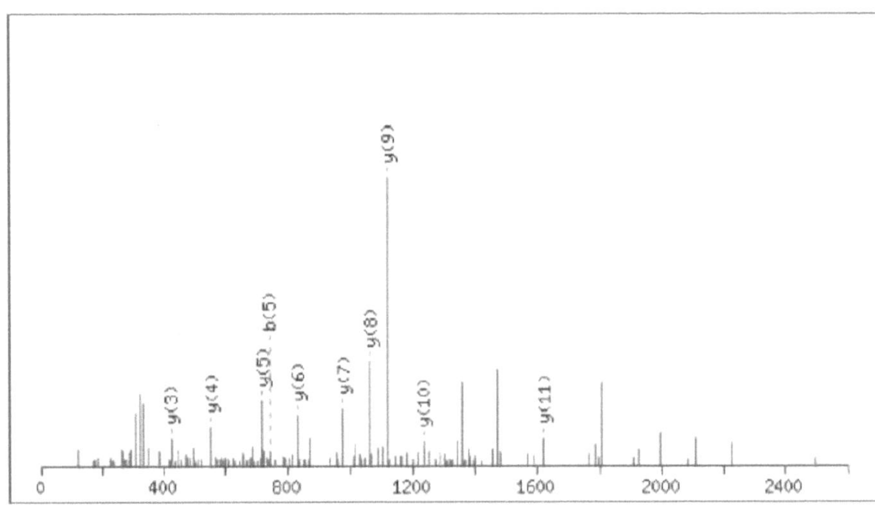

#	b	b^{++}	b^0	b^{0++}	Seq.	y	y^{++}	y*	y*$^{++}$	y^0	y^{0++}	#
1	116.0342	58.5207	98.0237	49.5155	D							13
2	187.0713	94.0393	169.0608	85.0340	A	1689.7948	845.4010	1672.7682	836.8877	1671.7842	836.3957	12
3	571.2187	286.1130	553.2082	277.1077	F	1618.7577	809.8825	1601.7311	801.3692	1600.7471	800.8772	11
4	684.3028	342.6550	666.2922	333.6498	L	1234.6103	617.8088	1217.5837	609.2955	1216.5997	608.8035	10
5	741.3243	371.1658	723.3137	362.1605	G	1121.5262	561.2667	1104.4997	552.7535	1103.5156	552.2615	9
6	828.3563	414.6818	810.3457	405.6765	S	1064.5047	532.7560	1047.4782	524.2427	1046.4942	523.7507	8
7	975.4247	488.2160	957.4141	479.2107	F	977.4727	489.2400	960.4462	480.7267	959.4621	480.2347	7
8	1088.5088	544.7580	1070.4982	535.7527	L	830.4043	415.7058	813.3777	407.1925	812.3937	406.7005	6
9	1251.5721	626.2897	1233.5615	617.2844	Y	717.3202	359.1638	700.2937	350.6505	699.3097	350.1585	5
10	1380.6147	690.8110	1362.6041	681.8057	E	554.2569	277.6321	537.2304	269.1188	536.2463	268.6268	4
11	1543.6780	772.3426	1525.6674	763.3374	Y	425.2143	213.1108	408.1878	204.5975	407.2037	204.1055	3
12	1630.7100	815.8587	1612.6995	806.8534	S	262.1510	131.5791	245.1244	123.0659	244.1404	122.5738	2
13					R	175.1190	88.0631	158.0924	79.5498			1

Phe329   DAFLGSFLYEYSR

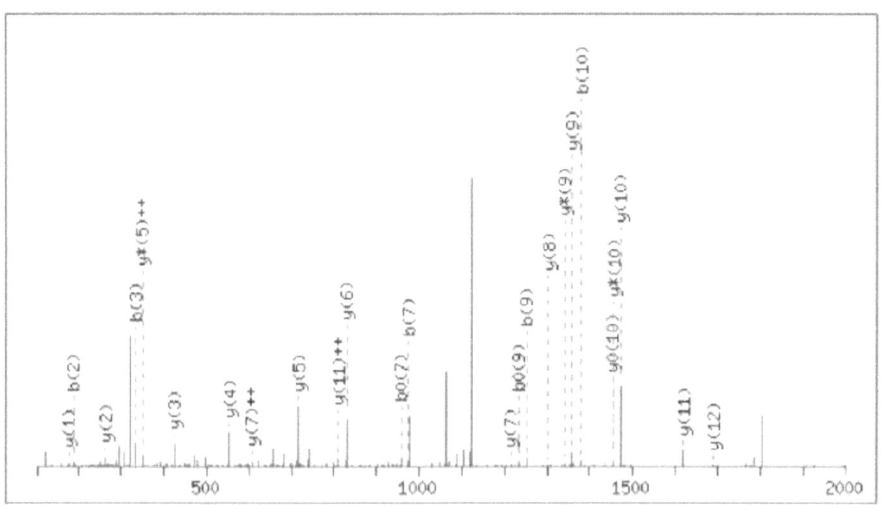

#	b	b++	b0	b0++	Seq.	y	y++	y*	y*++	y0	y0++	#
1	116.0342	58.5207	98.0237	49.5155	D							13
2	187.0713	94.0393	169.0608	85.0340	A	1689.7948	845.4010	1672.7682	836.8877	1671.7842	836.3957	12
3	334.1397	167.5735	316.1292	158.5682	F	1618.7577	809.8825	1601.7311	801.3692	1600.7471	800.8772	11
4	447.2238	224.1155	429.2132	215.1103	L	1471.6892	736.3483	1454.6627	727.8350	1453.6787	727.3430	10
5	504.2453	252.6263	486.2347	243.6210	G	1358.6052	679.8062	1341.5786	671.2930	1340.5946	670.8009	9
6	591.2773	296.1423	573.2667	287.1370	S	1301.5837	651.2955	1284.5572	642.7822	1283.5732	642.2902	8
7	975.4247	488.2160	957.4141	479.2107	F	1214.5517	607.7795	1197.5251	599.2662	1196.5411	598.7742	7
8	1088.5088	544.7580	1070.4982	535.7527	L	830.4043	415.7058	813.3777	407.1925	812.3937	406.7005	6
9	1251.5721	626.2897	1233.5615	617.2844	Y	717.3202	359.1638	700.2937	350.6505	699.3097	350.1585	5
10	1380.6147	690.8110	1362.6041	681.8057	E	554.2569	277.6321	537.2304	269.1188	536.2463	268.6268	4
11	1543.6780	772.3426	1525.6674	763.3374	Y	425.2143	213.1108	408.1878	204.5975	407.2037	204.1055	3
12	1630.7100	815.8587	1612.6995	806.8534	S	262.1510	131.5791	245.1244	123.0659	244.1404	122.5738	2
13					R	175.1190	88.0631	158.0924	79.5498			1

MPCTEDYLSLILNR

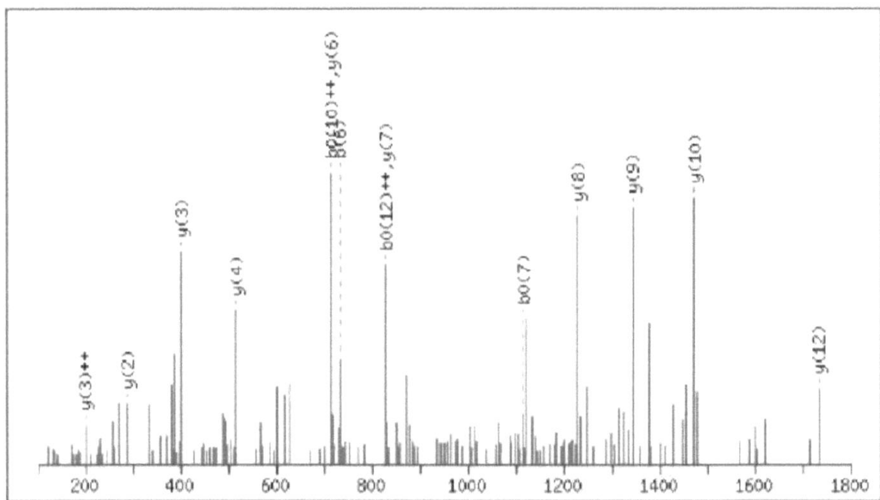

#	b	b⁺⁺	bʷ	b*⁺⁺	b⁰	b⁰⁺⁺	Seq.	y	y⁺⁺	yʷ	y*⁺⁺	y⁰	y⁰⁺⁺	#
1	132.0478	66.5275					M							14
2	229.1005	115.0539					P	1830.8731	915.9402	1813.8465	907.4269	1812.8625	906.9349	13
3	389.1312	195.0692					C	1733.8203	867.4138	1716.7938	858.9005	1715.8098	858.4085	12
4	490.1789	245.5931			472.1683	236.5878	T	1573.7897	787.3985	1556.7631	778.8852	1555.7791	778.3932	11
5	619.2214	310.1144			601.2109	301.1091	E	1472.7420	736.8746	1455.7155	728.3614	1454.7314	727.8694	10
6	734.2484	367.6278			716.2378	358.6225	D	1343.6994	672.3533	1326.6729	663.8401	1325.6888	663.3481	9
7	1134.3907	567.6990			1116.3801	558.6937	Y	1228.6725	614.8399	1211.6459	606.3266	1210.6619	605.8346	8
8	1247.4748	624.2410			1229.4642	615.2357	L	828.5302	414.7687	811.5036	406.2554	810.5196	405.7634	7
9	1334.5068	667.7570			1316.4962	658.7518	S	715.4461	358.2267	698.4195	349.7134	697.4355	349.2214	6
10	1447.5909	724.2991			1429.5803	715.2938	L	628.4141	314.7107	611.3875	306.1974			5
11	1560.6749	780.8411			1542.6644	771.8358	I	515.3300	258.1686	498.3035	249.6554			4
12	1673.7590	837.3831			1655.7484	828.3778	L	402.2459	201.6266	385.2194	193.1133			3
13	1787.8019	894.4046	1770.7754	885.8913	1769.7913	885.3993	N	289.1619	145.0846	272.1353	136.5713			2
14							R	175.1190	88.0631	158.0924	79.5498			1

Phe 508   LFT**F**HADICTLPDTEK

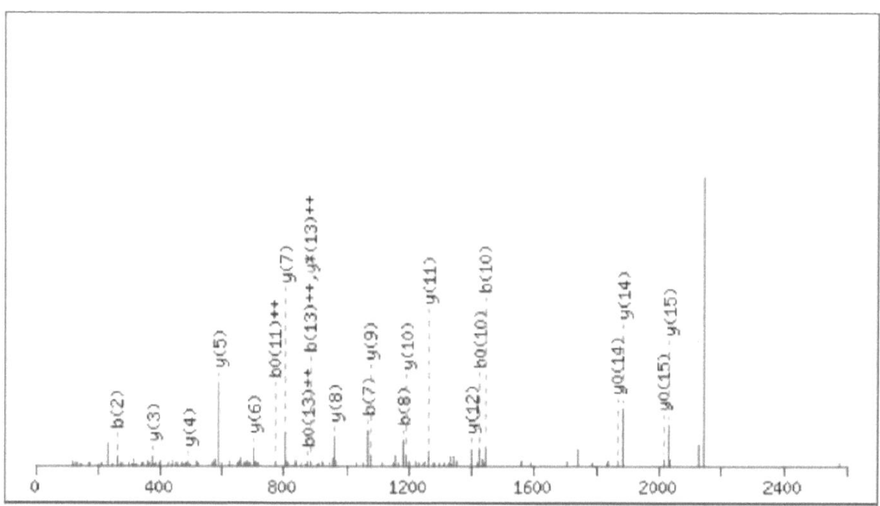

#	b	b⁺⁺	b⁰	b⁰⁺⁺	Seq.	y	y⁺⁺	y*	y*⁺⁺	y⁰	y⁰⁻⁻	#
1	114.0913	57.5493			L							16
2	261.1598	131.0835			F	2031.9157	1016.4615	2014.8891	1007.9482	2013.9051	1007.4562	15
3	362.2074	181.6074	344.1969	172.6021	T	1884.8473	942.9273	1867.8207	934.4140	1866.8367	933.9220	14
4	746.3548	373.6811	728.3443	364.6758	F	1783.7996	892.4034	1766.7731	883.8902	1765.7890	883.3982	13
5	883.4137	442.2105	865.4032	433.2052	H	1399.6522	700.3297	1382.6257	691.8165	1381.6416	691.3245	12
6	954.4509	477.7291	936.4403	468.7238	A	1262.5933	631.8003	1245.5667	623.2870	1244.5827	622.7950	11
7	1069.4778	535.2425	1051.4672	526.2373	D	1191.5562	596.2817	1174.5296	587.7685	1173.5456	587.2764	10
8	1182.5619	591.7846	1164.5513	582.7793	I	1076.5292	538.7683	1059.5027	530.2550	1058.5187	529.7630	9
9	1342.5925	671.7999	1324.5819	662.7946	C	963.4452	482.2262	946.4186	473.7130	945.4346	473.2209	8
10	1443.6402	722.3237	1425.6296	713.3184	T	803.4145	402.2109	786.3880	393.6976	785.4040	393.2056	7
11	1556.7243	778.8658	1538.7137	769.8605	L	702.3668	351.6871	685.3403	343.1738	684.3563	342.6818	6
12	1653.7770	827.3921	1635.7664	818.3869	P	589.2828	295.1450	572.2562	286.6318	571.2722	286.1397	5
13	1768.8040	884.9056	1750.7934	875.9003	D	492.2300	246.6186	475.2035	238.1054	474.2195	237.6134	4
14	1869.8516	935.4295	1851.8411	926.4242	T	377.2031	189.1052	360.1765	180.5919	359.1925	180.0999	3
15	1998.8942	999.9508	1980.8837	990.9455	E	276.1554	138.5813	259.1288	130.0681	258.1448	129.5761	2
16					K	147.1128	74.0600	130.0863	65.5468			1

Amino acid sequence of **PSA** with the altered amino acid residues indicated in red, together with the ESI-MS/MS spectra and fragmentation pathway of each modified peptide

```
  1 MKWVTFISLL FLFSSAYSRG VFRRDTYKSE IAHRFKDLGE QYFKGLVLIA
 51 FSQHLQQCPY EEHVKLVREV TEFAKTCVAD ESAENCDKSI HTLFGDKLCA
101 IPSLREHYGD LADCCEKEEP ERNECFLQHK NDNPDIPKLK PDPVALCADF
151 QEDEQKFWGK YLYEIARRHP YFYAPELLYY AIIYKDVFSE CCQAADKAAC
201 LLPKIEHLRE KVLTSAAKQR LKCASIQKFG ERAFKAWSLA RLSQRFPKAD
251 FTEISKIVTD LAKVHKECCH GDLLECADDR ADLAKYICEN QDTISTKLKE
301 CCDKPLLEKS HCIAEAKRDE LPADLNPLEH DFVEDKEVCK NYKEAKHVFL
351 GTFLYEYSRR HPDYSVSLLL RIAKIYEATL EDCCAKEDPP ACYATVFDKF
401 QPLVDEPKNL IKQNCELFEK LGEYGFQNAL IVRYTKKVPQ VSTPTLVEVA
451 RKLGLVGSRC CKRPEEERLS CAEDYLSLVL NRLCVLHEKT PVSEKVTKCC
501 TESLVNRRPC FSALTPDETY KPKEFVEGTF TFHADLCTLP EDEKQIKKQT
551 ALVELLKHKP HATEEQLRTV LGNFAAFVQK CCAAPDHEAC FAVEGPKFVI
601 EIRGILA
```

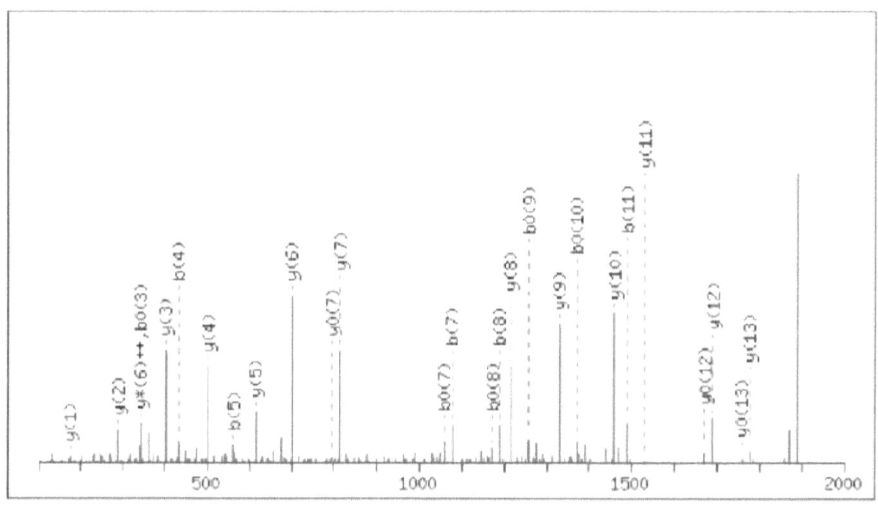

#	b	b^{++}	b*	b*$^{++}$	b^0	b^{0++}	Seq.	y	y^{++}	y*	y*$^{++}$	y^0	y^{0++}	#
1	114.0913	57.5493					L							14
2	201.1234	101.0653			183.1128	92.0600	S	1776.8261	888.9167	1759.7996	880.4034	1758.8156	879.9114	13
3	361.1540	181.0806			343.1135	172.0754	C	1689.7941	845.4007	1672.7676	836.8874	1671.7836	836.3954	12
4	432.1911	216.5992			414.1806	207.5939	A	1529.7635	765.3854	1512.7369	756.8721	1511.7529	756.3801	11
5	561.2337	281.1205			543.2232	272.1152	E	1458.7264	729.8668	1441.6998	721.3535	1440.7158	720.8615	10
6	676.2607	338.6340			658.2501	329.6287	D	1329.6838	665.3455	1312.6572	656.8322	1311.6732	656.3402	9
7	1076.4030	538.7051			1058.3924	529.6998	Y	1214.6568	607.8320	1197.6303	599.3188	1196.6463	598.8268	8
8	1189.4870	595.2472			1171.4765	586.2419	L	814.5145	407.7609	797.4880	399.2476	796.5039	398.7556	7
9	1276.5191	638.7632			1258.5085	629.7579	S	701.4304	351.2189	684.4039	342.7056	683.4199	342.2136	6
10	1389.6031	695.3052			1371.5926	686.2999	L	614.3984	307.7028	597.3719	299.1896			5
11	1488.6715	744.8394			1470.6610	735.8341	V	501.3144	251.1608	484.2878	242.6475			4
12	1601.7556	801.3814			1583.7450	792.3762	L	402.2459	201.6266	385.2194	193.1133			3
13	1715.7985	858.4029	1698.7720	849.8896	1697.7880	849.3976	N	289.1619	145.0846	272.1353	136.5713			2
14							R	175.1190	88.0631	158.0924	79.5498			1

Phe 550   TVLGNFAAFVQK

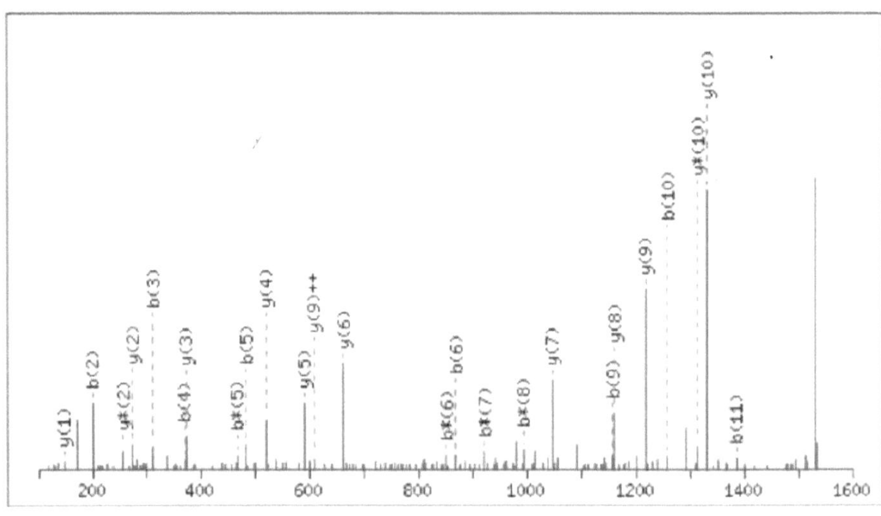

#	b	b^{++}	b*	b^{*++}	b^0	b^{0++}	Seq.	y	y^{++}	y*	y^{*++}	#
1	102.0550	51.5311			84.0444	42.5258	T					12
2	201.1234	101.0653			183.1128	92.0600	V	1430.7467	715.8770	1413.7202	707.3637	11
3	314.2074	157.6074			296.1969	148.6021	L	1331.6783	666.3428	1314.6517	657.8295	10
4	371.2289	186.1181			353.2183	177.1128	G	1218.5942	609.8007	1201.5677	601.2875	9
5	485.2718	243.1395	468.2453	234.6263	467.2613	234.1343	N	1161.5728	581.2900	1144.5462	572.7767	8
6	869.4192	435.2132	852.3927	426.7000	851.4087	426.2080	F	1047.5298	524.2686	1030.5033	515.7553	7
7	940.4563	470.7318	923.4298	462.2185	922.4458	461.7265	A	663.3824	332.1949	646.3559	323.6816	6
8	1011.4934	506.2504	994.4669	497.7371	993.4829	497.2451	A	592.3453	296.6763	575.3188	288.1630	5
9	1158.5619	579.7846	1141.5353	571.2713	1140.5513	570.7793	F	521.3082	261.1577	504.2817	252.6445	4
10	1257.6303	629.3188	1240.6037	620.8055	1239.6197	620.3135	V	374.2398	187.6235	357.2132	179.1103	3
11	1385.6889	693.3481	1368.6623	684.8348	1367.6783	684.3428	Q	275.1714	138.0893	258.1448	129.5761	2
12							K	147.1128	74.0600	130.0863	65.5468	1

Amino acid sequence of **RbSA** with the altered amino acid residues indicated in red, together with the ESI-MS/MS spectra and fragmentation pathway of each modified peptide

```
  1 MKWVTFISLL FLFSSAYSRG VFRREAHKSE IAHRFNDVGE EHFIGLVLIT
 51 FSQYLQKCPY EEHAKLVKEV TDLAKACVAD ESAANCDKSL HDIFGDKICA
101 LPSLRDTYGD VADCCEKKEP ERNECFLHHK DDKPDLPPFA RPEADVLCKA
151 FHDDEKAFFG HYLYEVARRH PYFYAPELLY YAQKYKAILT ECCEAADKGA
201 CLTPKLDALE GKSLISAAQE RLRCASIQKF GDRAYKAWAL VRLSQRFPKA
251 DFTDISKIVT DLTKVHKECC HGDLLECADD RADLAKYMCE HQETISSHLK
301 ECCDKPILEK AHCIYGLHND ETPAGLPAVA EEFVEDKDVC KNYEEAKDLF
351 LGKFLYEYSR RHPDYSVVLL LRLGKAYEAT LKKCCATDDP HACYAKVLDE
401 FQPLVDEPKN LVKQNCELYE QLGDYNFQNA LLVRYTKKVP QVSTPTLVEI
451 SRSLGKVGSK CCKHPEAERL PCVEDYLSVV LNRLCVLHEK TPVSEKVTKC
501 CSESLVDRRP CFSALGPDET YVPKEFNAET FTFHADICTL PETERKIKKQ
551 TALVELVKHK PHATNDQLKT VVGEFTALLD KCCSAEDKEA CFAVEGPKLV
601 ESSKATLG
```

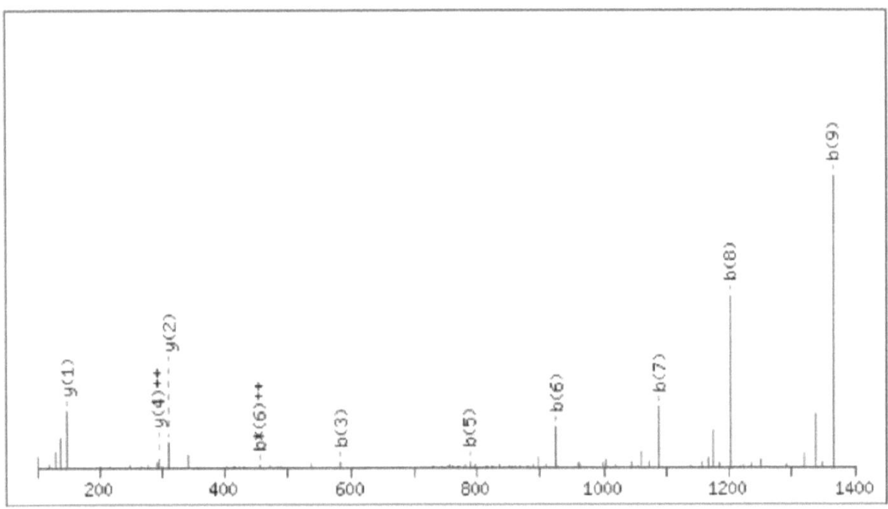

#	b	b⁺⁺	b*	b*⁺⁺	Seq.	y	y⁺⁺	y⁰	y⁰⁺⁺	#
1	129.1022	65.0548	112.0757	56.5415	K					10
2	200.1394	100.5733	183.1128	92.0600	A	1383.6045	692.3059	1365.5939	683.3006	9
3	*584.2867*	292.6470	567.2602	284.1337	F	1312.5673	656.7873	1294.5568	647.7820	8
4	731.3552	366.1812	714.3286	357.6679	F	928.4199	464.7136	910.4094	455.7083	7
5	*788.3766*	394.6920	771.3501	386.1787	G	781.3515	391.1794	763.3410	382.1741	6
6	*925.4355*	463.2214	908.4090	454.7081	H	724.3301	362.6687	706.3195	353.6634	5
7	*1088.4989*	544.7531	1071.4723	536.2398	Y	587.2712	294.1392	569.2606	285.1339	4
8	*1201.5829*	601.2951	1184.5564	592.7818	L	424.2078	212.6076	406.1973	203.6023	3
9	*1364.6463*	682.8268	1347.6197	674.3135	Y	311.1238	156.0655	293.1132	147.0602	2

Tyr 138   AFFGHYLYEVAR

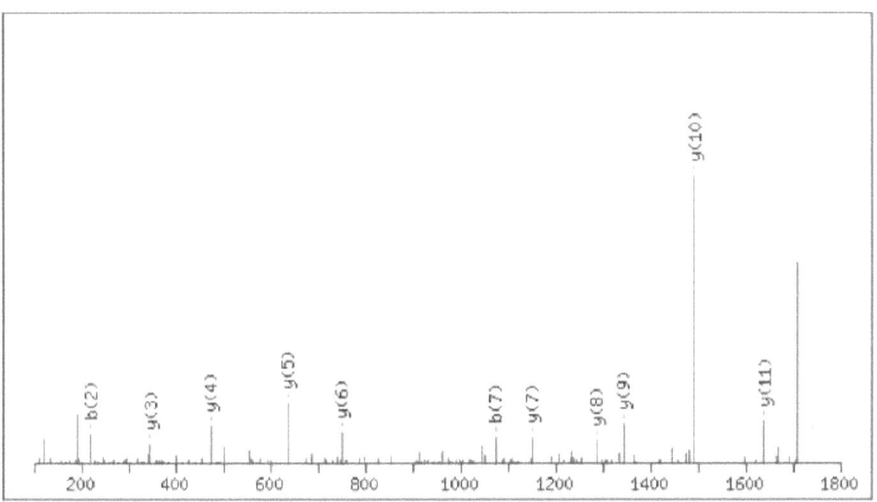

#	b	b++	b⁰	b⁰⁺⁺	Seq.	y	y++	y*	y*⁺⁺	y⁰	y⁰⁺⁺	#
1	72.0444	36.5258			A							12
2	219.1128	110.0600			F	1638.7740	819.8906	1621.7474	811.3774	1620.7634	810.8853	11
3	366.1812	183.5942			F	1491.7056	746.3564	1474.6790	737.8431	1473.6950	737.3511	10
4	423.2027	212.1050			G	1344.6372	672.8222	1327.6106	664.3089	1326.6266	663.8169	9
5	560.2616	280.6344			H	1287.6157	644.3115	1270.5891	635.7982	1269.6051	635.3062	8
6	960.4039	480.7056			Y	1150.5568	575.7820	1133.5302	567.2688	1132.5462	566.7767	7
7	1073.4880	537.2476			L	750.4145	375.7109	733.3879	367.1976	732.4039	366.7056	6
8	1236.5513	618.7793			Y	637.3304	319.1688	620.3039	310.6556	619.3198	310.1636	5
9	1365.5939	683.3006	1347.5833	674.2953	E	474.2671	237.6372	457.2405	229.1239	456.2565	228.6319	4
10	1464.6623	732.8348	1446.6517	723.8295	V	345.2245	173.1159	328.1979	164.6026			3
11	1535.6994	768.3533	1517.6889	759.3481	A	246.1561	123.5817	229.1295	115.0684			2
12					R	175.1190	88.0631	158.0924	79.5498			1

HPYFYAPELLYYAQK

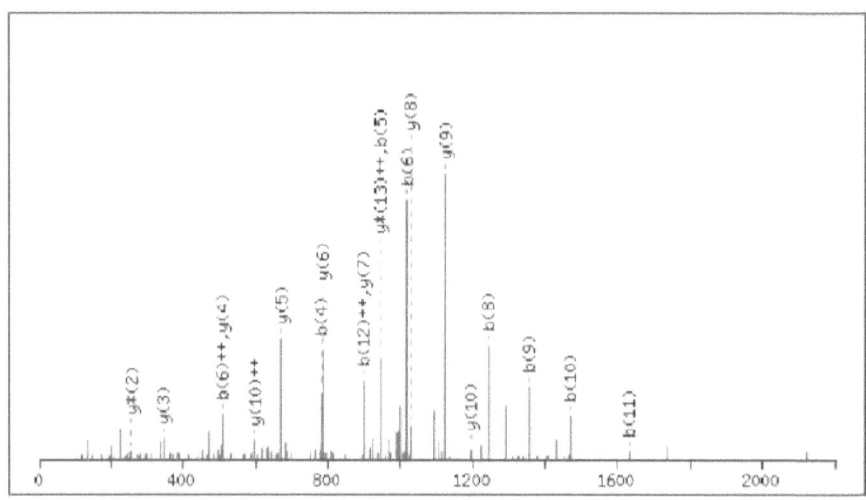

#	b	b++	b*	b*++	b0	b0++	Seq.	y	y++	y*	y*++	y0	y0++	#
1	138.0662	69.5367					H							15
2	235.1190	118.0631					P	2002.9626	1001.9849	1985.9360	993.4716	1984.9520	992.9796	14
3	398.1823	199.5948					Y	1905.9098	953.4585	1888.8833	944.9453	1887.8992	944.4533	13
4	782.3297	391.6685					F	1742.8465	871.9269	1725.8199	863.4136	1724.8359	862.9216	12
5	945.3930	473.2001					Y	1358.6991	679.8532	1341.6725	671.3399	1340.6885	670.8479	11
6	1016.4301	508.7187					A	1195.6358	598.3215	1178.6092	589.8082	1177.6252	589.3162	10
7	1113.4829	557.2451					P	1124.5986	562.8030	1107.5721	554.2897	1106.5881	553.7977	9
8	1242.5255	621.7664			1224.5149	612.7611	E	1027.5459	514.2766	1010.5193	505.7633	1009.5353	505.2713	8
9	1355.6095	678.3084			1337.5990	669.3031	L	898.5033	449.7553	881.4767	441.2420			7
10	1468.6936	734.8504			1450.6830	725.8452	L	785.4192	393.2132	768.3927	384.7000			6
11	1631.7569	816.3821			1613.7464	807.3768	Y	672.3352	336.6712	655.3086	328.1579			5
12	1794.8203	897.9138			1776.8097	888.9085	Y	509.2718	255.1396	492.2453	246.6263			4
13	1865.8574	933.4323			1847.8468	924.4270	A	346.2085	173.6079	329.1819	165.0946			3
14	1993.9160	997.4616	1976.8894	988.9483	1975.9054	988.4563	Q	275.1714	138.0893	258.1448	129.5761			2
15							K	147.1128	74.0600	130.0863	65.5468			1

Tyr 291   AHCIYGLHNDETPAGLPAVAEEFVEDKDVCK

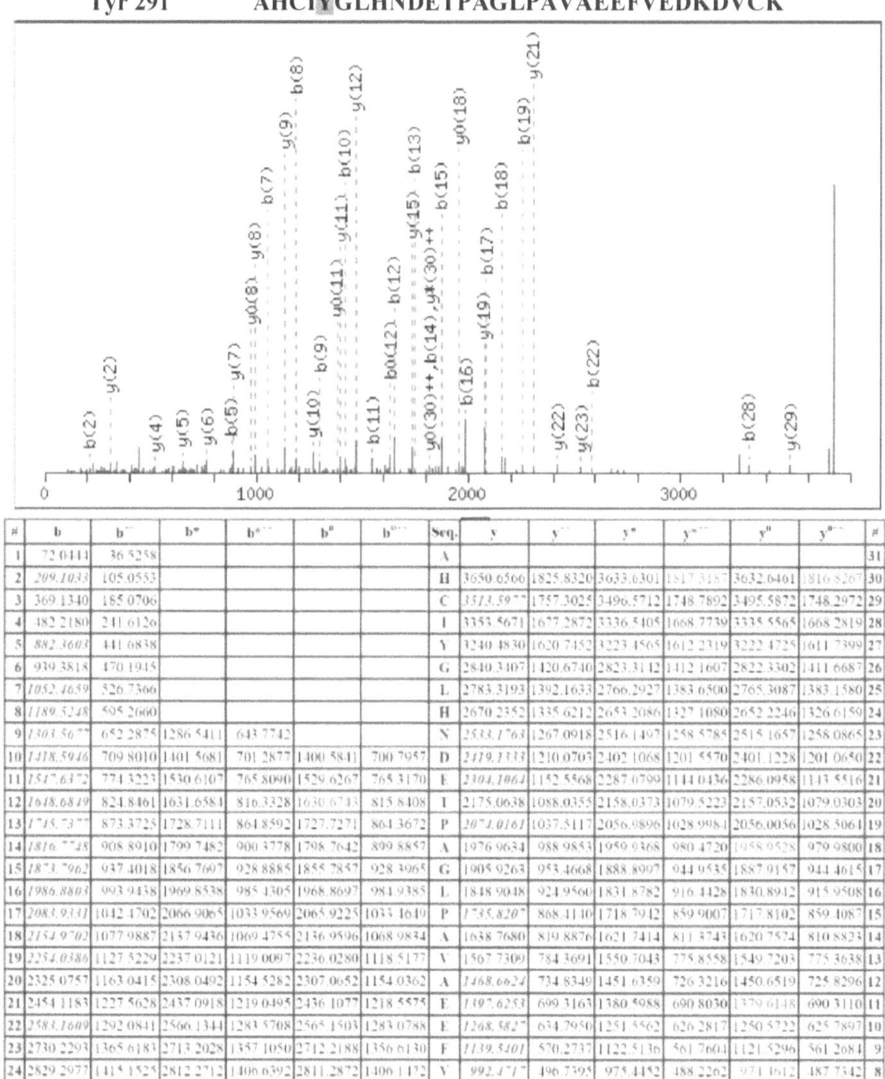

#	b	b''	b*	b*''	b°	b°''	Seq.	y	y''	y*	y*''	y°	y°''	#
1	72.0444	36.5258					A							31
2	209.1033	105.0553					H	3650.6566	1825.8320	3633.6301	1817.3187	3632.6461	1816.8267	30
3	369.1340	185.0706					C	3513.5977	1757.3025	3496.5712	1748.7892	3495.5872	1748.2972	29
4	482.2180	241.6126					I	3353.5671	1677.2872	3336.5405	1668.7739	3335.5565	1668.2819	28
5	882.3603	441.6838					Y	3240.4830	1620.7452	3223.4565	1612.2319	3222.4725	1611.7399	27
6	939.3818	470.1945					G	2840.3407	1420.6740	2823.3142	1412.1607	2822.3302	1411.6687	26
7	1052.4659	526.7366					L	2783.3193	1392.1633	2766.2927	1383.6500	2765.3087	1383.1580	25
8	1189.5248	595.2660					H	2670.2352	1335.6212	2653.2086	1327.1080	2652.2246	1326.6159	24
9	1303.5677	652.2875	1286.5411	643.7742			N	2533.1763	1267.0918	2516.1497	1258.5785	2515.1657	1258.0865	23
10	1418.5946	709.8010	1401.5681	701.2877	1400.5841	700.7957	D	2419.1333	1210.0703	2402.1068	1201.5570	2401.1228	1201.0650	22
11	1547.6372	774.3223	1530.6107	765.8090	1529.6267	765.3170	E	2304.1064	1152.5568	2287.0799	1144.0436	2286.0958	1143.5516	21
12	1648.6849	824.8461	1631.6584	816.3328	1630.6743	815.8408	T	2175.0638	1088.0355	2158.0373	1079.5223	2157.0532	1079.0303	20
13	1745.7377	873.3725	1728.7111	864.8592	1727.7271	864.3672	P	2074.0161	1037.5117	2056.9896	1028.9984	2056.0056	1028.5064	19
14	1816.7748	908.8910	1799.7482	900.3778	1798.7642	899.8857	A	1976.9634	988.9853	1959.9368	980.4720	1958.9528	979.9800	18
15	1873.7962	937.4018	1856.7697	928.8885	1855.7857	928.3965	G	1905.9263	953.4668	1888.8997	944.9535	1887.9157	944.4615	17
16	1986.8803	993.9438	1969.8538	985.4305	1968.8697	984.9385	L	1848.9048	924.9560	1831.8782	916.4428	1830.8942	915.9508	16
17	2083.9331	1042.4702	2066.9065	1033.9569	2065.9225	1033.4649	P	1735.8207	868.4140	1718.7942	859.9007	1717.8102	859.4087	15
18	2154.9702	1077.9887	2137.9436	1069.4755	2136.9596	1068.9834	A	1638.7680	819.8876	1621.7414	811.3743	1620.7574	810.8823	14
19	2254.0386	1127.5229	2237.0121	1119.0097	2236.0280	1118.5177	V	1567.7309	784.3691	1550.7043	775.8558	1549.7203	775.3638	13
20	2325.0757	1163.0415	2308.0492	1154.5282	2307.0652	1154.0362	A	1468.6624	734.8349	1451.6359	726.3216	1450.6519	725.8296	12
21	2454.1183	1227.5628	2437.0918	1219.0495	2436.1077	1218.5575	E	1397.6253	699.3163	1380.5988	690.8030	1379.6148	690.3110	11
22	2583.1609	1292.0841	2566.1344	1283.5708	2565.1503	1283.0788	E	1268.5827	634.7950	1251.5562	626.2817	1250.5722	625.7897	10
23	2730.2293	1365.6183	2713.2028	1357.1050	2712.2188	1356.6130	F	1139.5401	570.2737	1122.5136	561.7604	1121.5296	561.2684	9
24	2829.2977	1415.1525	2812.2712	1406.6392	2811.2872	1406.1472	V	992.4717	496.7395	975.4452	488.2262	974.4612	487.7342	8
25	2958.3403	1479.6738	2941.3138	1471.1605	2940.3298	1470.0685	E	893.4033	447.2053	876.3768	438.6920	875.3927	438.2000	7

93

Tyr 452   LPCVEDYLSVVLNR

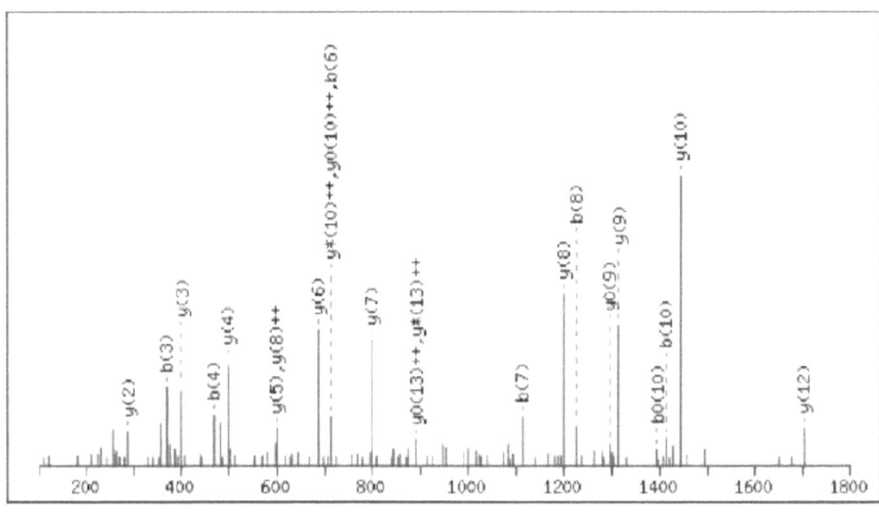

#	b	b⁺⁺	b*	b*⁺⁺	b⁰	b⁰⁺⁺	Seq.	y	y⁺⁺	y*	y*⁺⁺	y⁰	y⁰⁺⁺	#
1	114.0913	57.5493					L							14
2	211.1441	106.0757					P	1800.8625	900.9349	1783.8360	892.4216	1782.8520	891.9296	13
3	371.1748	186.0910					C	1703.8098	852.4085	1686.7832	843.8952	1685.7992	843.4032	12
4	470.2432	235.6252					V	1543.7791	772.3932	1526.7526	763.8799	1525.7686	763.3879	11
5	599.2858	300.1465			581.2752	291.1412	E	1444.7107	722.8590	1427.6842	714.3457	1426.7001	713.8537	10
6	714.3127	357.6600			696.3021	348.6547	D	1315.6681	658.3377	1298.6416	649.8244	1297.6575	649.3324	9
7	1114.4550	557.7311			1096.4444	548.7259	Y	1200.6412	600.8242	1183.6146	592.3109	1182.6306	591.8189	8
8	1227.5391	614.2732			1209.5285	605.2679	L	800.4989	400.7531	783.4723	392.2398	782.4883	391.7478	7
9	1314.5711	657.7892			1296.5605	648.7839	S	687.4148	344.2110	670.3883	335.6978	669.4042	335.2058	6
10	1413.6395	707.3234			1395.6290	698.3181	V	600.3828	300.6950	583.3562	292.1817			5
11	1512.7079	756.8576			1494.6974	747.8523	V	501.3144	251.1608	484.2878	242.6475			4
12	1625.7920	813.3996			1607.7814	804.3944	L	402.2459	201.6266	385.2194	193.1133			3
13	1739.8349	870.4211	1722.8084	861.9078	1721.8244	861.4158	N	289.1619	145.0846	272.1353	136.5713			2
14							R	175.1190	88.0631	158.0924	79.5498			1

CPF/RtSA

Amino acid sequence of **RtSA** with the altered amino acid residues indicated in red, together with the ESI-MS/MS spectra and fragmentation pathway of each modified peptide

```
  1 MKWVTFLLLL FISGSAFSRG VFRREAHKSE IAHRFKDLGE QHFKGLVLIA
 51 FSQYLQKCPY EEHIKLVQEV TDFAKTCVAD ENAENCDKSI HTLFGDKLCA
101 IPKLRDNYGE LADCCAKQEP ERNECFLQHK DDNPNLPPFQ RPEAEAMCTS
151 FQENPTSFLG HYLHEVARRH PYFYAPELLY YAEKYNEVLT QCCTESDKAA
201 CLTPKLDAVK EKALVAAVRQ RMKCSSMQRF GERAFKAWAV ARMSQRFPNA
251 EFAEITKLAT DVTKINKECC HGDLLECADD RAELAKYMCE NQATISSKLQ
301 ACCDKPVLQK SQCLAEIEHD NIPADLPSIA ADFVEDKEVC KNYAEAKDVF
351 LGTFLYEYSR RHPDYSVSLL LRLAKKYEAT LEKCCAEGDP PACYGTVLAE
401 FQPLVEEPKN LVKTNCELYE KLGEYGFQNA VLVRYTQKAP QVSTPTLVEA
451 ARNLGRVGTK CCTLPEAQRL PCVEDYLSAI LNRLCVLHEK TPVSEKVTKC
501 CSGSLVERRP CFSALTVDET YVPKEFKAET FTFHSDICTL PDKEKQIKKQ
551 TALAELVKHK PKATEDQLKT VMGDFAQFVD KCCKAADKDN CFATEGPNLV
601 ARSKEALA
```

Phe 134 NECFLQHKDDNPNLPPFQRPEAEAMCTSFQENPTSFLGHYLHEVAR

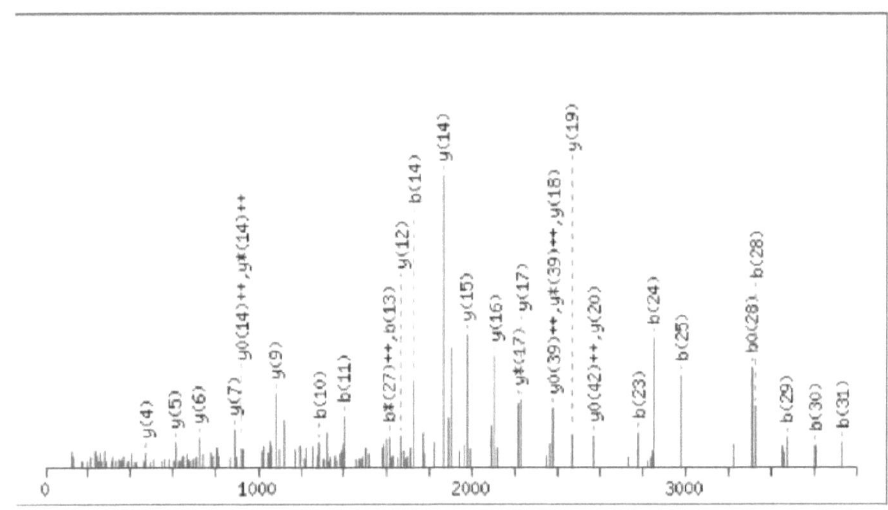

#	b	b^{++}	b^{*}	b^{*++}	b^{0}	b^{0++}	Seq.	y	y^{++}	y^{*}	y^{*++}	y^{0}	y^{0++}	#
1	115.0502	58.0287	98.0237	49.5155			N							46
2	244.0928	122.5500	227.0662	114.0368	226.0822	113.5448	E	5594.5416	2797.7744	5577.5150	2789.2612	5576.5310	2788.7691	45
3	404.1234	202.5654	387.0969	194.0521	386.1129	193.5601	C	5465.4990	2733.2531	5448.4724	2724.7399	5447.4884	2724.2479	44
4	551.1919	276.0996	534.1653	267.5863	533.1813	267.0943	F	5305.4683	2653.2378	5288.4418	2644.7245	5287.4578	2644.2325	43
5	664.2759	332.6416	647.2494	324.1283	646.2654	323.6363	L	5158.3999	2579.7036	5141.3734	2571.1903	5140.3894	2570.6983	42
6	792.3345	396.6709	775.3080	388.1576	774.3239	387.6656	Q	5045.3159	2523.1616	5028.2893	2514.6483	5027.3053	2514.1563	41
7	929.3934	465.2003	912.3669	456.6871	911.3828	456.1951	H	4917.2573	2459.1323	4900.2307	2450.6190	4899.2467	2450.1270	40
8	1057.4884	529.2478	1040.4618	520.7346	1039.4778	520.2425	K	4780.1984	2390.6028	4763.1718	2382.0896	4762.1878	2381.5975	39
9	1172.5153	586.7613	1155.4888	578.2480	1154.5048	577.7560	D	4652.1034	2326.5553	4635.0769	2318.0421	4634.0928	2317.5501	38
10	1287.5423	644.2748	1270.5157	635.7615	1269.5317	635.2695	D	4537.0765	2269.0419	4520.0499	2260.5286	4519.0659	2260.0366	37
11	1401.5852	701.2962	1384.5586	692.7830	1383.5746	692.2910	N	4422.0495	2211.5284	4405.0230	2203.0151	4404.0390	2202.5231	36
12	1498.6380	749.8226	1481.6114	741.3093	1480.6274	740.8173	P	4308.0066	2154.5069	4290.9801	2145.9937	4289.9960	2145.5017	35
13	1612.6809	806.8441	1595.6543	798.3308	1594.6703	797.8388	N	4210.9538	2105.9806	4193.9273	2097.4673	4192.9433	2096.9753	34
14	1725.7649	863.3861	1708.7384	854.8728	1707.7544	854.3808	L	4096.9109	2048.9591	4079.8844	2040.4458	4078.9003	2039.9538	33
15	1822.8177	911.9125	1805.7912	903.3992	1804.8071	902.9072	P	3983.8268	1992.4171	3966.8003	1983.9038	3965.8163	1983.4118	32
16	1919.8705	960.4389	1902.8439	951.9256	1901.8599	951.4336	P	3886.7741	1943.8907	3869.7475	1935.3774	3868.7635	1934.8854	31
17	2066.9389	1033.9731	2049.9123	1025.4598	2048.9283	1024.9678	F	3789.7213	1895.3643	3772.6948	1886.8510	3771.7108	1886.3590	30
18	2194.9975	1098.0024	2177.9709	1089.4891	2176.9869	1088.9971	Q	3642.6529	1821.8301	3625.6264	1813.3168	3624.6423	1812.8248	29
19	2351.0986	1176.0529	2334.0720	1167.5397	2333.0880	1167.0476	R	3514.5943	1757.8008	3497.5678	1749.2875	3496.5838	1748.7955	28
20	2448.1513	1224.5793	2431.1248	1216.0660	2430.1408	1215.5740	P	3358.4932	1679.7502	3341.4667	1671.2370	3340.4826	1670.7450	27
21	2577.1939	1289.1006	2560.1674	1280.5873	2559.1834	1280.0953	E	3261.4404	1631.2239	3244.4139	1622.7106	3243.4299	1622.2186	26
22	2648.2310	1324.6192	2631.2045	1316.1059	2630.2205	1315.6139	A	3132.3979	1566.7026	3115.3713	1558.1893	3114.3873	1557.6973	25
23	2777.2736	1389.1405	2760.2471	1380.6272	2759.2631	1380.1352	E	3061.3607	1531.1840	3044.3342	1522.6707	3043.3502	1522.1787	24
24	2848.3108	1424.6590	2831.2842	1416.1457	2830.3002	1415.6537	A	2932.3181	1466.6627	2915.2916	1458.1494	2914.3076	1457.6574	23
25	2979.3512	1490.1793	2962.3247	1481.6660	2961.3407	1481.1740	M	2861.2810	1431.1442	2844.2545	1422.6309	2843.2705	1422.1389	22

26	3139.3819	1570.1946	3122.3553	1561.6813	3121.3713	1561.1893	C	2730.2405	1365.6239	2713.2140	1357.1106	2712.2300	1356.6186	21
27	3240.4296	1620.7184	3223.4030	1612.2051	3222.4190	1611.7131	T	2570.2099	1285.6086	2553.1834	1277.0953	2552.1993	1276.6033	20
28	3327.4616	1664.2344	3310.4350	1655.7212	3309.4510	1655.2292	S	2469.1622	1235.0847	2452.1357	1226.5715	2451.1517	1226.0795	19
29	3474.5300	1737.7686	3457.5035	1729.2554	3456.5194	1728.7634	F	2382.1302	1191.5687	2365.1036	1183.0555	2364.1196	1182.5635	18
30	3602.5886	1801.7979	3585.5620	1793.2847	3584.5780	1792.7926	Q	2235.0618	1118.0345	2218.0352	1109.5213	2217.0512	1109.0292	17
31	3731.6312	1866.3192	3714.6046	1857.8060	3713.6206	1857.3139	E	2107.0032	1054.0052	2089.9767	1045.4920	2088.9926	1045.0000	16
32	3845.6741	1923.3407	3828.6476	1914.8274	3827.6635	1914.3354	N	1977.9606	989.4839	1960.9341	980.9707	1959.9500	980.4787	15
33	3942.7269	1971.8671	3925.7003	1963.3538	3924.7163	1962.8618	P	1863.9177	932.4625	1846.8911	923.9492	1845.9071	923.4572	14
34	4043.7745	2022.3909	4026.7480	2013.8776	4025.7640	2013.3856	T	1766.8649	883.9361	1749.8384	875.4228	1748.8544	874.9308	13
35	4130.8066	2065.9069	4113.7800	2057.3937	4112.7960	2056.9016	S	1665.8172	833.4123	1648.7907	824.8990	1647.8067	824.4070	12
36	4514.9540	2257.9806	4497.9274	2249.4673	4496.9434	2248.9753	F	1578.7852	789.8962	1561.7587	781.3830	1560.7746	780.8910	11
37	4628.0380	2314.5227	4611.0115	2306.0094	4610.0275	2305.5174	L	1194.6378	597.8225	1177.6113	589.3093	1176.6273	588.8173	10
38	4685.0595	2343.0334	4668.0329	2334.5201	4667.0489	2334.0281	G	1081.5538	541.2805	1064.5272	532.7672	1063.5432	532.2752	9
39	4822.1184	2411.5628	4805.0919	2403.0496	4804.1078	2402.5576	H	1024.5323	512.7698	1007.5057	504.2565	1006.5217	503.7645	8
40	4985.1817	2493.0945	4968.1552	2484.5812	4967.1712	2484.0892	V	887.4734	444.2403	870.4468	435.7271	869.4628	435.2350	7
41	5098.2658	2549.6365	5081.2393	2541.1233	5080.2552	2540.6313	L	724.4100	362.7087	707.3835	354.1954	706.3995	353.7034	6
42	5235.3247	2618.1660	5218.2982	2609.6527	5217.3142	2609.1607	H	611.3260	306.1666	594.2994	297.6534	593.3154	297.1613	5
43	5364.3673	2682.6873	5347.3408	2674.1740	5346.3567	2673.6820	E	474.2671	237.6372	457.2405	229.1239	456.2565	228.6319	4
44	5463.4357	2732.2215	5446.4092	2723.7082	5445.4252	2723.2162	V	345.2245	173.1159	328.1979	164.6026			3
45	5534.4728	2767.7401	5517.4463	2759.2268	5516.4623	2758.7348	A	246.1561	123.5817	229.1295	115.0684			2
46							R	175.1190	88.0631	158.0924	79.5498			1

DDNPNLPPFQRPEAEAMCTSFQENPTSFLGHYLHEVAR

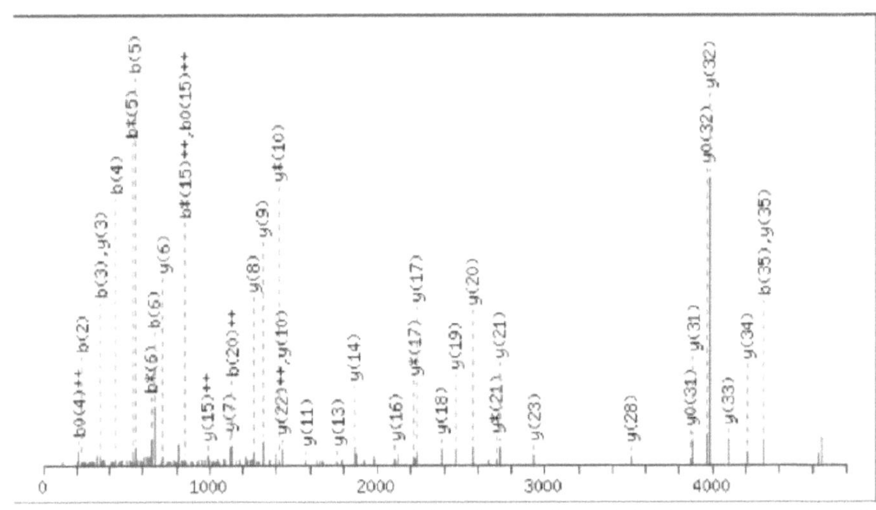

#	b	b⁺⁺	b*	b*⁺⁺	b⁰	b⁰⁺⁺	Seq.	y	y⁺⁺	y*	y*⁺⁺	y⁰	y⁰⁺⁺	#
1	116.0342	58.5207			98.0237	49.5155	D							38
2	231.0612	116.0342			213.0506	107.0289	D	4537.0765	2269.0419	4520.0499	2260.5286	4519.0659	2260.0366	37
3	345.1041	173.0557	328.0775	164.5424	327.0935	164.0504	N	4422.0495	2211.5284	4405.0230	2203.0151	4404.0390	2202.5231	36
4	442.1569	221.5821	425.1303	213.0688	424.1463	212.5768	P	4308.0066	2154.5069	4290.9801	2145.9937	4289.9960	2145.5017	35
5	556.1998	278.6035	539.1732	270.0903	538.1892	269.5982	N	4210.9538	2105.9806	4193.9273	2097.4673	4192.9433	2096.9753	34
6	669.2838	335.1456	652.2573	326.6323	651.2733	326.1403	L	4096.9109	2048.9591	4079.8844	2040.4458	4078.9003	2039.9538	33
7	766.3366	383.6719	749.3101	375.1587	748.3260	374.6667	P	3983.8268	1992.4171	3966.8003	1983.9038	3965.8163	1983.4118	32
8	863.3894	432.1983	846.3628	423.6850	845.3788	423.1930	P	3886.7741	1943.8907	3869.7475	1935.3774	3868.7635	1934.8854	31
9	1010.4578	505.7325	993.4312	497.2193	992.4472	496.7272	F	3789.7213	1895.3643	3772.6948	1886.8510	3771.7108	1886.3590	30
10	1138.5164	569.7618	1121.4898	561.2485	1120.5058	560.7565	Q	3642.6529	1821.8301	3625.6264	1813.3168	3624.6423	1812.8248	29
11	1294.6175	647.8124	1277.5909	639.2991	1276.6069	638.8071	R	3514.5943	1757.8008	3497.5678	1749.2875	3496.5838	1748.7955	28
12	1391.6702	696.3388	1374.6437	687.8255	1373.6597	687.3335	P	3358.4932	1679.7502	3341.4667	1671.2370	3340.4826	1670.7450	27
13	1520.7128	760.8601	1503.6863	752.3468	1502.7023	751.8548	E	3261.4404	1631.2239	3244.4139	1622.7106	3243.4299	1622.2186	26
14	1591.7499	796.3786	1574.7234	787.8653	1573.7394	787.3733	A	3132.3979	1566.7026	3115.3713	1558.1893	3114.3873	1557.6973	25
15	1720.7925	860.8999	1703.7660	852.3866	1702.7820	851.8946	E	3061.3607	1531.1840	3044.3342	1522.6707	3043.3502	1522.1787	24
16	1791.8297	896.4185	1774.8031	887.9052	1773.8191	887.4132	A	2932.3181	1466.6627	2915.2916	1458.1494	2914.3076	1457.6574	23
17	1922.8701	961.9387	1905.8436	953.4254	1904.8596	952.9334	M	2861.2810	1431.1442	2844.2545	1422.6309	2843.2705	1422.1389	22
18	2082.9008	1041.9540	2065.8742	1033.4408	2064.8902	1032.9487	C	2730.2405	1365.6239	2713.2140	1357.1106	2712.2300	1356.6186	21
19	2183.9485	1092.4779	2166.9219	1083.9646	2165.9379	1083.4726	T	2570.2099	1285.6086	2553.1834	1277.0953	2552.1993	1276.6033	20
20	2270.9805	1135.9939	2253.9539	1127.4806	2252.9699	1126.9886	S	2469.1622	1235.0847	2452.1357	1226.5715	2451.1517	1226.0795	19
21	2418.0489	1209.5281	2401.0224	1201.0148	2400.0383	1200.5228	F	2382.1302	1191.5687	2365.1036	1183.0555	2364.1196	1182.5635	18
22	2546.1075	1273.5574	2529.0809	1265.0441	2528.0969	1264.5521	Q	2235.0018	1118.0345	2218.0352	1109.5213	2217.0512	1109.0292	17
23	2675.1501	1338.0787	2658.1235	1329.5654	2657.1395	1329.0734	E	2107.0032	1054.0052	2089.9767	1045.4920	2088.9926	1045.0000	16
24	2789.1930	1395.1001	2772.1665	1386.5869	2771.1824	1386.0949	N	1977.9606	989.4839	1960.9341	980.9707	1959.9500	980.4787	15
25	2886.2458	1443.6265	2869.2192	1435.1132	2868.2352	1434.6212	P	1863.9177	932.4625	1846.8911	923.9492	1845.9071	923.4572	14

26	2987.2934	1494.1504	2970.2669	1485.6371	2969.2829	1485.1451	T	1766.8649	883.9361	1749.8384	875.4228	1748.8544	874.9308	13
27	3074.3255	1537.6664	3057.2989	1529.1531	3056.3149	1528.6611	S	1665.8172	833.4123	1648.7907	824.8990	1647.8067	824.4070	12
28	3221.3939	1611.2006	3204.3673	1602.6873	3203.3833	1602.1953	F	1578.7852	789.8962	1561.7587	781.3830	1560.7746	780.8910	11
29	3334.4780	1667.7426	3317.4514	1659.2293	3316.4674	1658.7373	L	1431.7168	716.3620	1414.6903	707.8488	1413.7062	707.3568	10
30	3391.4994	1696.2533	3374.4729	1687.7401	3373.4889	1687.2481	G	1318.6327	659.8200	1301.6062	651.3067	1300.6222	650.8147	9
31	3528.5583	1764.7828	3511.5318	1756.2695	3510.5478	1755.7775	H	1261.6113	631.3093	1244.5847	622.7960	1243.6007	622.3040	8
32	3928.7006	1964.8540	3911.6741	1956.3407	3910.6901	1955.8487	Y	1124.5524	562.7798	1107.5258	554.2665	1106.5418	553.7745	7
33	4041.7847	2021.3960	4024.7582	2012.8827	4023.7741	2012.3907	L	724.4100	362.7087	707.3835	354.1954	706.3995	353.7034	6
34	4178.8436	2089.9254	4161.8171	2081.4122	4160.8331	2080.9202	H	611.3260	306.1666	594.2994	297.6534	593.3154	297.1613	5
35	4307.8862	2154.4467	4290.8597	2145.9335	4289.8756	2145.4415	E	474.2671	237.6372	457.2405	229.1239	456.2565	228.6319	4
36	4406.9546	2203.9809	4389.9281	2195.4677	4388.9441	2194.9757	V	345.2245	173.1159	328.1979	164.6026			3
37	4477.9917	2239.4995	4460.9652	2230.9862	4459.9812	2230.4942	A	246.1561	123.5817	229.1295	115.0684			2
38							R	175.1190	88.0631	158.0924	79.5498			1

Phe 149   HPYFYAPELLYYAEK

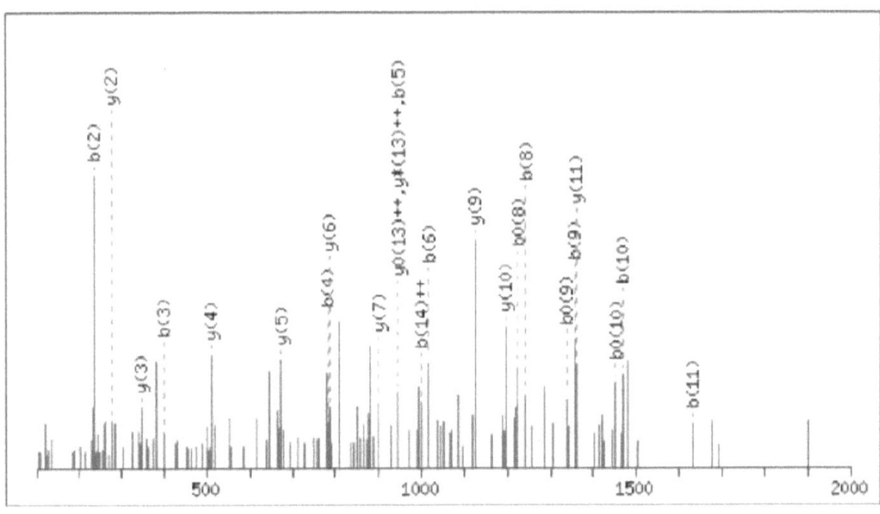

#	b	b++	b0	b0++	Seq.	y	y++	y*	y*++	y0	y0++	#
1	138.0662	69.5367			H							15
2	235.1190	118.0631			P	2003.9466	1002.4769	1986.9200	993.9637	1985.9360	993.4716	14
3	398.1823	199.5948			Y	1906.8938	953.9505	1889.8673	945.4373	1888.8833	944.9453	13
4	782.3297	391.6685			F	1743.8305	872.4189	1726.8039	863.9056	1725.8199	863.4136	12
5	945.3930	473.2001			Y	1359.6831	680.3452	1342.6565	671.8319	1341.6725	671.3399	11
6	1016.4301	508.7187			A	1196.6198	598.8135	1179.5932	590.3002	1178.6092	589.8082	10
7	1113.4829	557.2451			P	1125.5827	563.2950	1108.5561	554.7817	1107.5721	554.2897	9
8	1242.5255	621.7664	1224.5149	612.7611	E	1028.5299	514.7686	1011.5033	506.2553	1010.5193	505.7633	8
9	1355.6095	678.3084	1337.5990	669.3031	L	899.4873	450.2473	882.4607	441.7340	881.4767	441.2420	7
10	1468.6936	734.8504	1450.6830	725.8452	L	786.4032	393.7053	769.3767	385.1920	768.3927	384.7000	6
11	1631.7569	816.3821	1613.7464	807.3768	Y	673.3192	337.1632	656.2926	328.6499	655.3086	328.1579	5
12	1794.8203	897.9138	1776.8097	888.9085	Y	510.2558	255.6316	493.2293	247.1183	492.2453	246.6263	4
13	1865.8574	933.4323	1847.8468	924.4270	A	347.1925	174.0999	330.1660	165.5866	329.1819	165.0946	3
14	1994.9000	997.9536	1976.8894	988.9483	E	276.1554	138.5813	259.1288	130.0681	258.1448	129.5761	2
15					K	147.1128	74.0600	130.0863	65.5468			1

Tyr 161   YNEVLTQCCTESDKAACLTPK

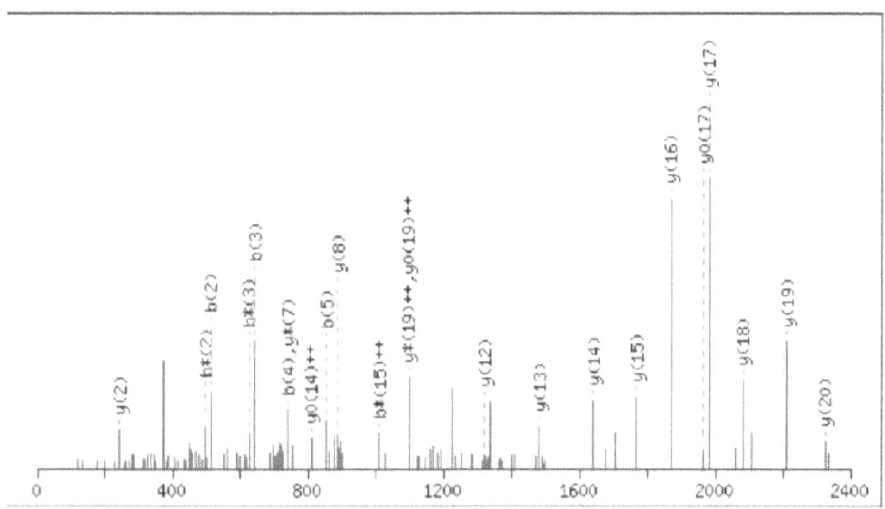

#	b	b^{++}	b^*	b^{*++}	b^0	b^{0++}	Seq.	y	y^{++}	y^*	y^{*++}	y^0	y^{0++}	#
1	401.1496	201.0784					Y							21
2	515.1925	258.0999	498.1660	249.5866			N	2325.0519	1163.0296	2308.0254	1154.5163	2307.0414	1154.0243	20
3	644.2351	322.6212	627.2086	314.1079	626.2245	313.6159	E	2211.0090	1106.0081	2193.9825	1097.4949	2192.9985	1097.0029	19
4	743.3035	372.1554	726.2770	363.6421	725.2930	363.1501	V	2081.9664	1041.4869	2064.9399	1032.9736	2063.9559	1032.4816	18
5	856.3876	428.6974	839.3610	420.1842	838.3770	419.6921	L	1982.8980	991.9526	1965.8715	983.4394	1964.8871	982.9474	17
6	957.4353	479.2213	940.4087	470.7080	939.4247	470.2160	T	1869.8139	935.4106	1852.7874	926.8973	1851.8034	926.4053	16
7	1085.4938	543.2506	1068.4673	534.7373	1067.4833	534.2453	Q	1768.7663	884.8868	1751.7397	876.3735	1750.7557	875.8815	15
8	1245.5245	623.2659	1228.4979	614.7526	1227.5139	614.2606	C	1640.7077	820.8575	1623.6811	812.3442	1622.6971	811.8522	14
9	1405.5551	703.2812	1388.5286	694.7679	1387.5446	694.2759	C	1480.6770	740.8422	1463.6505	732.3289	1462.6665	731.8369	13
10	1506.6028	753.8050	1489.5763	745.2918	1488.5923	744.7998	T	1320.6464	660.8268	1303.6198	652.3136	1302.6358	651.8216	12
11	1635.6454	818.3263	1618.6189	809.8131	1617.6348	809.3211	E	1219.5987	610.3030	1202.5722	601.7897	1201.5882	601.2977	11
12	1722.6774	861.8424	1705.6509	853.3291	1704.6669	852.8371	S	1090.5561	545.7817	1073.5296	537.2684	1072.5456	536.7764	10
13	1837.7044	919.3558	1820.6778	910.8426	1819.6938	910.3505	D	1003.5241	502.2657	986.4975	493.7524	985.5135	493.2604	9
14	1965.7993	983.4033	1948.7728	974.8900	1947.7888	974.3980	K	888.4972	444.7522	871.4706	436.2389	870.4866	435.7469	8
15	2036.8365	1018.9219	2019.8099	1010.4086	2018.8259	1009.9166	A	760.4022	380.7047	743.3756	372.1915	742.3916	371.6994	7
16	2107.8736	1054.4404	2090.8470	1045.9271	2089.8630	1045.4351	A	689.3651	345.1862	672.3385	336.6729	671.3545	336.1809	6
17	2267.9042	1134.4557	2250.8777	1125.9425	2249.8937	1125.4505	C	618.3280	309.6676	601.3014	301.1543	600.3174	300.6623	5
18	2380.9883	1190.9978	2363.9617	1182.4845	2362.9777	1181.9925	L	458.2973	229.6523	441.2708	221.1390	440.2867	220.6470	4
19	2482.0360	1241.5216	2465.0094	1233.0083	2464.0254	1232.5163	T	345.2132	173.1103	328.1867	164.5970	327.2027	164.1050	3
20	2579.0887	1290.0480	2562.0622	1281.5347	2561.0782	1281.0427	P	244.1656	122.5864	227.1390	114.0731			2
21							K	147.1128	74.0600	130.0863	65.5468			1

Phe 330   DVFLGT**F**LYEYSR

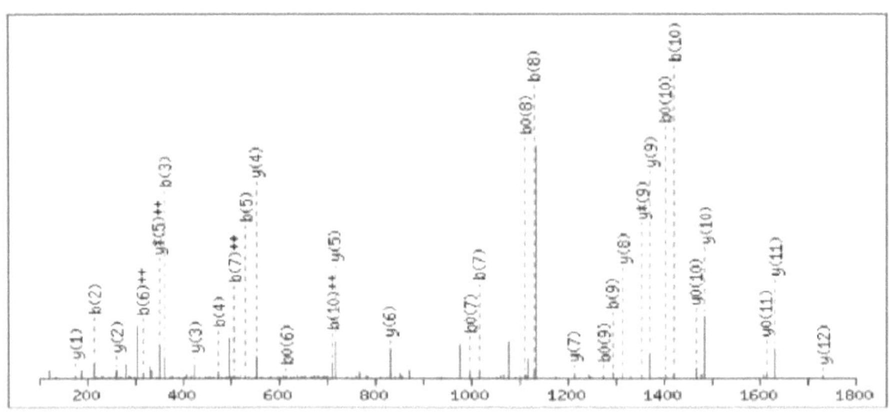

#	b	b^{++}	b^{0}	b^{0++}	Seq.	y	y^{++}	y*	y*$^{++}$	y^{0}	y^{0++}	#
1	116.0342	58.5207	98.0237	49.5155	D							13
2	215.1026	108.0550	197.0921	99.0497	V	1731.8417	866.4245	1714.8152	857.9112	1713.8312	857.4192	12
3	362.1710	181.5892	344.1605	172.5839	F	1632.7733	816.8903	1615.7468	808.3770	1614.7627	807.8850	11
4	475.2551	238.1312	457.2445	229.1259	L	1485.7049	743.3561	1468.6783	734.8428	1467.6943	734.3508	10
5	532.2766	266.6419	514.2660	257.6366	G	1372.6208	686.8141	1355.5943	678.3008	1354.6103	677.8088	9
6	633.3243	317.1658	615.3137	308.1605	T	1315.5994	658.3033	1298.5728	649.7900	1297.5888	649.2980	8
7	1017.4716	509.2395	999.4611	500.2342	F	1214.5517	607.7795	1197.5251	599.2662	1196.5411	598.7742	7
8	1130.5557	565.7815	1112.5451	556.7762	L	830.4043	415.7058	813.3777	407.1925	812.3937	406.7005	6
9	1293.6190	647.3132	1275.6085	638.3079	Y	717.3202	359.1638	700.2937	350.6505	699.3097	350.1585	5
10	1422.6616	711.8345	1404.6511	702.8292	E	554.2569	277.6321	537.2304	269.1188	536.2463	268.6268	4
11	1585.7250	793.3661	1567.7144	784.3608	Y	425.2143	213.1108	408.1878	204.5975	407.2037	204.1055	3
12	1672.7570	836.8821	1654.7464	827.8769	S	262.1510	131.5791	245.1244	123.0659	244.1404	122.5738	2
13					R	175.1190	88.0631	158.0924	79.5498			1

Tyr 452   LPCVEDYLSAILNR

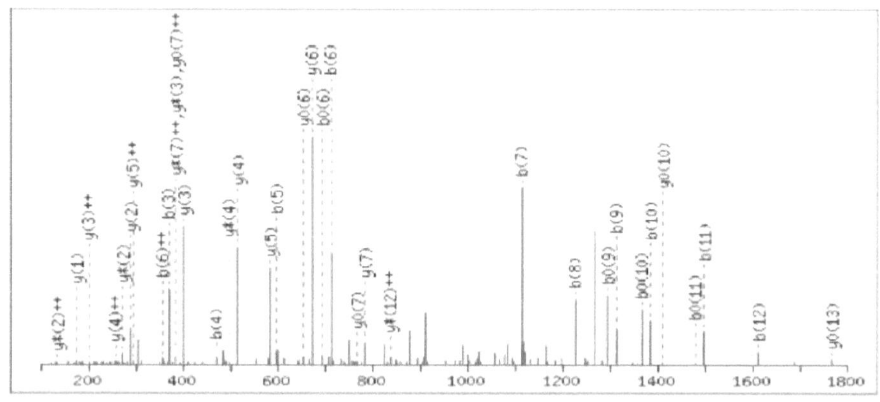

#	b	b^{++}	b*	b*$^{++}$	b^0	b^{0++}	Seq.	y	y^{++}	y*	y*$^{++}$	y^0	y^{0++}	#
1	114.0913	57.5493					L							14
2	211.1441	106.0757					P	1786.8469	893.9271	1769.8203	885.4138	1768.8363	884.9218	13
3	371.1748	186.0910					C	1689.7941	845.4007	1672.7676	836.8874	1671.7836	836.3954	12
4	470.2432	235.6252					V	1529.7635	765.3854	1512.7369	756.8721	1511.7529	756.3801	11
5	599.2858	300.1465			581.2752	291.1412	E	1430.6951	715.8512	1413.6685	707.3379	1412.6845	706.8459	10
6	714.3127	357.6600			696.3021	348.6547	D	1301.6525	651.3299	1284.6259	642.8166	1283.6419	642.3246	9
7	1114.4550	557.7311			1096.4444	548.7259	Y	1186.6255	593.8164	1169.5990	585.3031	1168.6150	584.8111	8
8	1227.5391	614.2732			1209.5285	605.2679	L	786.4832	393.7452	769.4567	385.2320	768.4726	384.7400	7
9	1314.5711	657.7892			1296.5605	648.7839	S	673.3991	337.2032	656.3726	328.6899	655.3886	328.1979	6
10	1385.6082	693.3077			1367.5977	684.3025	A	586.3671	293.6872	569.3406	285.1739			5
11	1498.6923	749.8498			1480.6817	740.8445	I	515.3300	258.1686	498.3035	249.6554			4
12	1611.7763	806.3918			1593.7658	797.3865	L	402.2459	201.6266	385.2194	193.1133			3
13	1725.8193	863.4133	1708.7927	854.9000	1707.8087	854.4080	N	289.1619	145.0846	272.1353	136.5713			2
14							R	175.1190	88.0631	158.0924	79.5498			1

Phe 509   AETFTFHSDICTLPDKEK

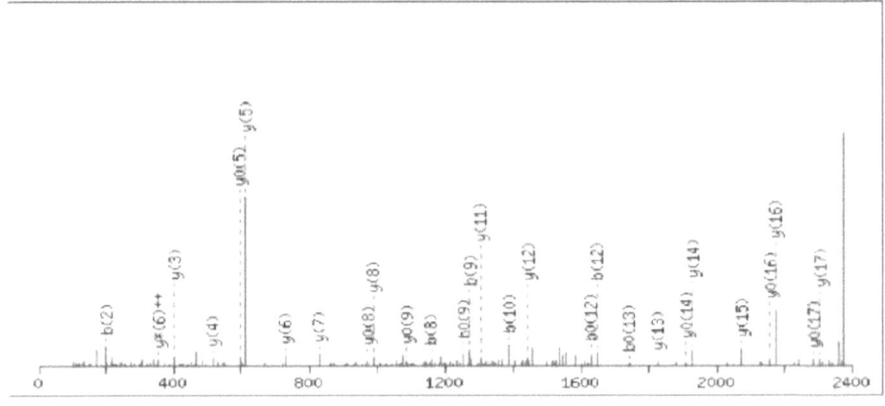

#	b	b++	b*	b*++	b0	b0++	Seq.	y	y++	y*	y*++	y0	y0++	#
1	72.0444	36.5258					A							18
2	201.0870	101.0471			183.0764	92.0418	E	2305.0482	1153.0277	2288.0216	1144.5144	2287.0376	1144.0224	17
3	302.1347	151.5710			284.1241	142.5657	T	2176.0056	1088.5064	2158.9790	1079.9931	2157.9950	1079.5011	16
4	449.2031	225.1052			431.1925	216.0999	F	2074.9579	1037.9826	2057.9313	1029.4693	2056.9473	1028.9773	15
5	550.2508	275.6290			532.2402	266.6237	T	1927.8895	964.4484	1910.8629	955.9351	1909.8789	955.4431	14
6	934.3981	467.7027			916.3876	458.6974	F	1826.8418	913.9245	1809.8153	905.4113	1808.8312	904.9193	13
7	1071.4571	536.2322			1053.4465	527.2269	H	1442.6944	721.8508	1425.6679	713.3376	1424.6838	712.8456	12
8	1158.4891	579.7482			1140.4785	570.7429	S	1305.6355	653.3214	1288.6089	644.8081	1287.6249	644.3161	11
9	1273.5160	637.2617			1255.5055	628.2564	D	1218.6035	609.8054	1201.5769	601.2921	1200.5929	600.8001	10
10	1386.6001	693.8037			1368.5895	684.7984	I	1103.5765	552.2919	1086.5500	543.7786	1085.5660	543.2866	9
11	1546.6307	773.8190			1528.6202	764.8137	C	990.4925	495.7499	973.4659	487.2366	972.4819	486.7446	8
12	1647.6784	824.3428			1629.6679	815.3376	T	830.4618	415.7345	813.4353	407.2213	812.4512	406.7293	7
13	1760.7625	880.8849			1742.7519	871.8796	L	729.4141	365.2107	712.3876	356.6974	711.4036	356.2054	6
14	1857.8153	929.4113			1839.8047	920.4060	P	616.3301	308.6687	599.3035	300.1554	598.3195	299.6634	5
15	1972.8422	986.9247			1954.8316	977.9195	D	519.2773	260.1423	502.2508	251.6290	501.2667	251.1370	4
16	2100.9372	1050.9722	2083.9106	1042.4589	2082.9266	1041.9669	K	404.2504	202.6288	387.2238	194.1155	386.2398	193.6235	3
17	2229.9798	1115.4935	2212.9532	1106.9802	2211.9692	1106.4882	E	276.1554	138.5813	259.1288	130.0681	258.1448	129.5761	2
18							K	147.1128	74.0600	130.0863	65.5468			1

Amino acid sequence of SSA with the altered amino acid residues indicated in red, together with the ESI-MS/MS spectra and fragmentation pathway of each modified peptide

CPF/SSA

```
  1 MKWVTFISLL LLFSSAYSRG VFRRDTHKSE IAHRFNDLGE ENFQGLVLIA
 51 FSQYLQQCPF DEHVKLVKEL TEFAKTCVAD ESHAGCDKSL HTLFGDELCK
101 VATLRETYGD MADCCEKQEP ERNECFLNHK DDSPDLPKLK PEPDTLCAEF
151 KADEKKFWGK YLYEVARRHP YFYAPELLYY ANKYNGVFQE CCQAEDKGAC
201 LLPKIDAMRE KVLASSARQR LRCASIQKFG ERALKAWSVA RLSQKFPKAD
251 FTDVTKIVTD LTKVHKECCH GDLLECADDR ADLAKYICDH QDALSSKLKE
301 CCDKPVLEKS HCIAEVDKDA VPENLPPLTA DFAEDKEVCK NYQEAKDVEL
351 GSFLYEYSRR HPEYAVSVLL RLAKEYEATL EDCCAKEDPH ACYATVFDKL
401 KHLVDEPQNL IKKNCELFEK HGEYGFQNAL IVRYTRKAPQ VSTPTLVEIS
451 RSLGKVGTKC CAKPESERMP CTEDYLSLIL NRLCVLHEKT PVSEKVTKCC
501 TESLVNRRPC FSDLTLDETY VPKPFDEKFF TFHADICTLP DTEKQIKKQT
551 ALVELLKHKP KATDEQLKTV MENFVAFVDK CCAADDKEGC FVLEGPKLVA
601 STQAALA
```

Tyr 137 YLYEVAR

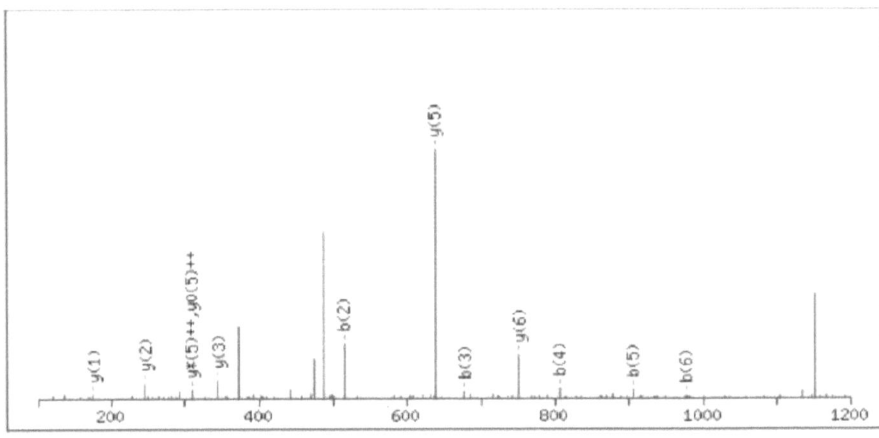

#	b	b⁺⁺	b⁰	b⁰⁺⁺	Seq.	y	y⁺⁺	y*	y*⁺⁺	y⁰	y⁰⁺⁺	#
1	401.1496	201.0784			Y							7
2	514.2336	257.6205			L	750.4145	375.7109	733.3879	367.1976	732.4039	366.7056	6
3	677.2970	339.1521			Y	637.3304	319.1688	620.3039	310.6556	619.3198	310.1636	5
4	806.3396	403.6734	788.3290	394.6681	E	474.2671	237.6372	457.2405	229.1239	456.2565	228.6319	4
5	905.4080	453.2076	887.3974	444.2023	V	345.2245	173.1159	328.1979	164.6026			3
6	976.4451	488.7262	958.4345	479.7209	A	246.1561	123.5817	229.1295	115.0684			2
7					R	175.1190	88.0631	158.0924	79.5498			1

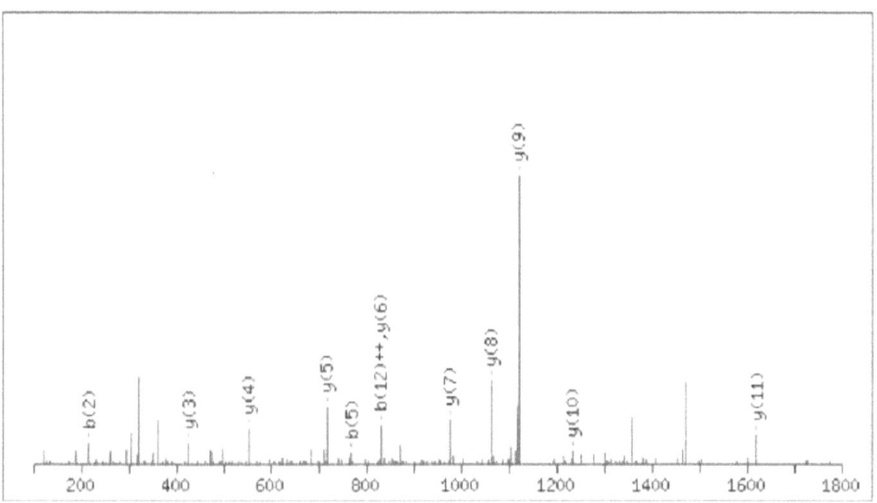

#	b	b⁺⁺	b⁰	b⁰⁺⁺	Seq.	y	y⁺⁺	y*	y*⁺⁺	y⁰	y⁰⁺⁺	#
1	116.0342	58.5207	98.0237	49.5155	D							13
2	215.1026	108.0550	197.0921	99.0497	V	1717.8261	859.4167	1700.7995	850.9034	1699.8155	850.4114	12
3	599.2500	300.1287	581.2395	291.1234	F	1618.7577	809.8825	1601.7311	801.3692	1600.7471	800.8772	11
4	712.3341	356.6707	694.3235	347.6654	L	1234.6103	617.8088	1217.5837	609.2955	1216.5997	608.8035	10
5	769.3556	385.1814	751.3450	376.1761	G	1121.5262	561.2667	1104.4997	552.7535	1103.5156	552.2615	9
6	856.3876	428.6974	838.3770	419.6921	S	1064.5047	532.7560	1047.4782	524.2427	1046.4942	523.7507	8
7	1003.4560	502.2316	985.4454	493.2264	F	977.4727	489.2400	960.4462	480.7267	959.4621	480.2347	7
8	1116.5401	558.7737	1098.5295	549.7684	L	830.4043	415.7058	813.3777	407.1925	812.3937	406.7005	6
9	1279.6034	640.3053	1261.5928	631.3001	Y	717.3202	359.1638	700.2937	350.6505	699.3097	350.1585	5
10	1408.6460	704.8266	1390.6354	695.8213	E	554.2569	277.6321	537.2304	269.1188	536.2463	268.6268	4
11	1571.7093	786.3583	1553.6987	777.3530	Y	425.2143	213.1108	408.1878	204.5975	407.2037	204.1055	3
12	1658.7413	829.8743	1640.7308	820.8690	S	262.1510	131.5791	245.1244	123.0659	244.1404	122.5738	2
13					R	175.1190	88.0631	158.0924	79.5498			1

Phe 329   DVFLGSFLYEYSR

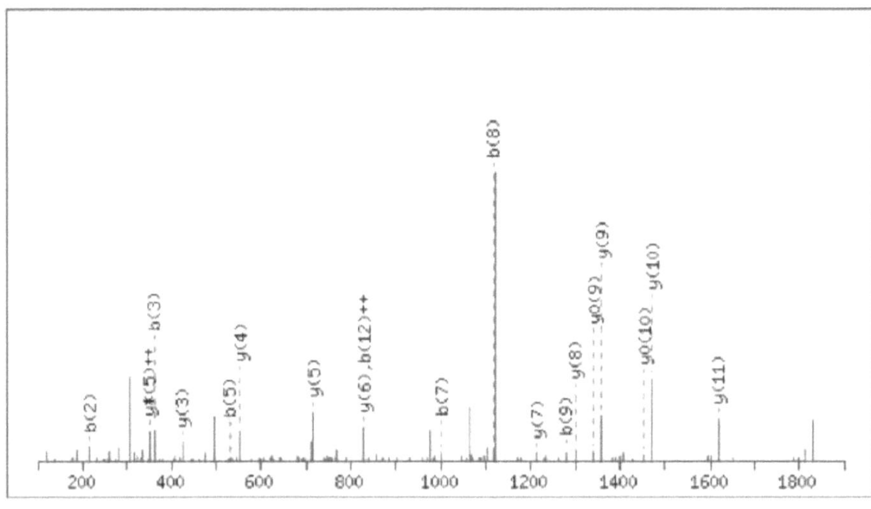

#	b	b++	b⁰	b⁰++	Seq.	y	y++	y*	y*++	yⁿ	yⁿ++	#
1	116.0342	58.5207	98.0237	49.5155	D							13
2	215.1026	108.0550	197.0921	99.0497	V	1717.8261	859.4167	1700.7995	850.9034	1699.8155	850.4114	12
3	362.1710	181.5892	344.1605	172.5839	F	1618.7577	809.8825	1601.7311	801.3692	1600.7471	800.8772	11
4	475.2551	238.1312	457.2445	229.1259	L	1471.6892	736.3483	1454.6627	727.8350	1453.6787	727.3430	10
5	532.2766	266.6419	514.2660	257.6366	G	1358.6052	679.8062	1341.5786	671.2930	1340.5946	670.8009	9
6	619.3086	310.1579	601.2980	301.1527	S	1301.5837	651.2955	1284.5572	642.7822	1283.5732	642.2902	8
7	1003.4560	502.2316	985.4454	493.2264	F	1214.5517	607.7795	1197.5251	599.2662	1196.5411	598.7742	7
8	1116.5401	558.7737	1098.5295	549.7684	L	830.4043	415.7058	813.3777	407.1925	812.3937	406.7005	6
9	1279.6034	640.3053	1261.5928	631.3001	Y	717.3202	359.1638	700.2937	350.6505	699.3097	350.1585	5
10	1408.6460	704.8266	1390.6354	695.8213	E	554.2569	277.6321	537.2304	269.1188	536.2463	268.6268	4
11	1571.7093	786.3583	1553.6987	777.3530	Y	425.2143	213.1108	408.1878	204.5975	407.2037	204.1055	3
12	1658.7413	829.8743	1640.7308	820.8690	S	262.1510	131.5791	245.1244	123.0659	244.1404	122.5738	2
13					R	175.1190	88.0631	158.0924	79.5498			1

Tyr 451   MPCTEDYLSLILNR

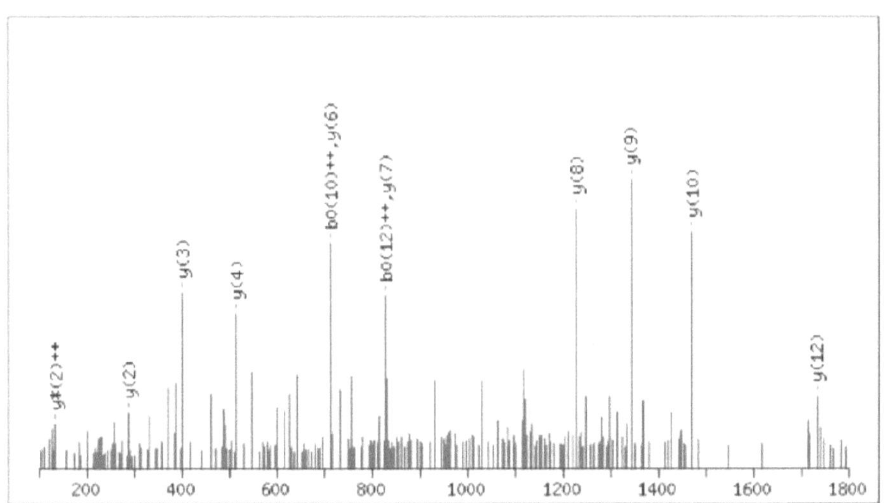

#	b	b++	b°	b°++	b⁰	b⁰++	Seq.	y	y++	y°	y°++	y⁰	y⁰++	#
1	132.0478	66.5275					M							14
2	229.1005	115.0539					P	1830.8731	915.9402	1813.8465	907.4269	1812.8625	906.9349	13
3	389.1312	195.0692					C	1733.8203	867.4138	1716.7938	858.9005	1715.8098	858.4085	12
4	490.1789	245.5931			472.1683	236.5878	T	1573.7897	787.3985	1556.7631	778.8852	1555.7791	778.3932	11
5	619.2214	310.1144			601.2109	301.1091	E	1472.7420	736.8746	1455.7155	728.3614	1454.7314	727.8694	10
6	734.2484	367.6278			716.2378	358.6225	D	1343.6994	672.3533	1326.6729	663.8401	1325.6888	663.3481	9
7	1134.3907	567.6990			1116.3801	558.6937	Y	1228.6725	614.8399	1211.6459	606.3266	1210.6619	605.8346	8
8	1247.4748	624.2410			1229.4642	615.2357	L	828.5302	414.7687	811.5036	406.2554	810.5196	405.7634	7
9	1334.5068	667.7570			1316.4962	658.7518	S	715.4461	358.2267	698.4195	349.7134	697.4355	349.2214	6
10	1447.5909	724.2991			1429.5803	715.2938	L	628.4141	314.7107	611.3875	306.1974			5
11	1560.6749	780.8411			1542.6644	771.8358	I	515.3300	258.1686	498.3035	249.6554			4
12	1673.7590	837.3831			1655.7484	828.3778	L	402.2459	201.6266	385.2194	193.1133			3
13	1787.8019	894.4046	1770.7754	885.8913	1769.7913	885.3993	N	289.1619	145.0846	272.1353	136.5713			2
14							R	175.1190	88.0631	158.0924	79.5498			1

```
RtSA      MKWVTFLLLLFIS-
GSAFSRGVFRREAHKSEIAHRFKDLGEQHFKGLVLIAFSQYLQKCPYEEHIKLVQEVTDFAK-
TCVADENAENCDKSIHTLFGDKLCAIPKLRDNYGELADCCAKQEP
RbSA      MKWVTFISLLFLFSSAYSRGVFRREAHKSEIAHRFNDVGEE-
HFIGLVLITFSQYLQKCPYEEHAKLVKEVTDLAKACVADESAANCDKSLHDIFGDKICALPSLRDTYGDVADCCEKKEP
HSA       MKWVTFISLLFLFSSAYSRGVFRRDAHKSEVAHRFKDLGEENFKALVLIAFA-
QYLQQCPFEDHVKLVNEVTEFAKTCVADESAENCDKSLHTLFGDKLCTVATLRETYGEMADCCAKQEP
PSA       MKWVTFISLLFLFS-
SAYSRGVFRRDTYKSEIAHRFKDLGEQYFKGLVLIAFSQHLQQCPYEEHVKLVREVTEFAK-
TCVADESAENCDKSIHTLFGDKLCAIPSLREHYGDLADCCEKEEP
BSA       MKWVTFISLLLLFSSAYSRGVFRRDTHKSEIAHRFKDLGEEHFKGLVLIAFSQYLQQCPF-
DEHVKLVNELTEFAKTCVADESHAGCEKSLHTLFGDELCKVASLRETYGDMADCCEKQEP
SSA       MKWVTFISLLLLFSSAYSRGVFRRDTHKSEIAHRFNDLGEENFQGLVLIAFSQYLQQCPF-
DEHVKLVKELTEFAKTCVADESHAGCDKSLHTLFGDELCKVATLRETYGDMADCCEKQEP
          ******: **:: .**:*********::***:****:*:**: *  .****:*:*:**:**::* ***.*:*::**:*****.   .*:**:*
:***::* : .**: **::**** *:**


RtSA      NAENCDKSIHTLFGDKLCAIPKLRDNYGELADCCAKQEPERNECFLQHKDDNPNLPPFQRPE-
AEAMCTSFQENPTSFLGHYLHEVARRHPYFYAPELLYYAEKYNEVLTQCCTESDKAAC
RbSA      SAANCDKSLHDIFGDKICALPSLRDTYGDVADCCEKKEPER-
NECFLHHKDDKPDLPPFARPEADVLCKAFHDDEKAFFGHYLYEVARRHPYFYAPELLYYAQKYKAILTECCEAADKGAC
HSA       SAENCDKSLHTLFGDKLCTVATLRETYGEMADCCAKQEPER-
NECFLQHKDDNPNLPRLVRPEVDVMCTAFHDNEETFLKKYLYEIARRHPYFYAPELLFFAKRYKAAFTECCQAADKAAC
PSA       SAENCDKSIHTLFGDKLCAIPSLREHYGDLADCCEKEEPERNECFLQHKNDNPDIPKL-
KPDPVALCADFQEDEQKFWGKYLYEIARRHPYFYAPELLYYAIIYKDVFSECCQAADKAAC
BSA       SHAGCEKSLHTLFGDELCKVASLRETYGDMADCCEKQEPERNECFLSHKDDSPDLPKL-
KPDPNTLCDEFKADEKKFWGKYLYEIARRHPYFYAPELLYYANKYNGVFQECCQAEDKGAC
SSA       SHAGCDKSLHTLFGDELCKVATLRETYGDMADCCEKQEPERNECFLNHKDDSPDLPKL-
KPEPDTLCAEFKADEKKFWGKYLYEVARRHPYFYAPELLYYANKYNGVFQECCQAEDKGAC
          . .*:**:* :***::* : .**: **::**** *:********** **:*.*::* : :*: .:* *: : *
:**:*:**************::* *: : :** **.**


RtSA      LTPKLDAVKEKALVAAVRQRMKCSSMQRFGERAFKAWAVARMSQRF-
PNAEFAEITKLATDVTKINKECCHGDLLECADDRAELAKYMCENQATISSKLQACCDKPVLQKSQCLAEIEHDN
RbSA      LTPKLDALEGKSLISAAQERLRCASIQKFGDRAYKAWALVRLSQRFPKADFTDISKIVTDLT-
KVHKECCHGDLLECADDRADLAKYMCEHQETISSHLKECCDKPILEKAHCIYGLHNDE
HSA       LLPKLDELRDEGKASSAKQRLKCASLQKFGERAFKAWAVARLSQRFPKAEFAEVSKLVTDLT-
KVHTECCHGDLLECADDRADLAKYICENQDSISSKLKECCEKPLLEKSHCIAEVENDE
PSA       LLPKIEHLREKVLTSAAKQRLKCASIQKFGERAFKAWSLARLSQRFPKAD-
FTEISKIVTDLAKVHKECCHGDLLECADDRADLAKYICENQDTISTKLKECCDKPLLEKSHCIAEAKRDE
BSA       LLPKIETMREKVLASSARQRLRCASIQKFGERALKAWSVARLSQKFPKAEFVEVTKLVTDLT-
KVHKECCHGDLLECADDRADLAKYICDNQDTISSKLKECCDKPLLEKSHCIAEVEKDA
SSA       LLPKIDAMREKVLASSARQRLRCASIQKFGERALKAWSVARLSQKFPKADFTDVTKIVTDLT-
KVHKECCHGDLLECADDRADLAKYICDHQDALSSKLKECCDKPVLEKSHCIAEVDKDA
          * **:: :. :   ::.::*::*:*:*:**:** ***::.*:**:**:*:*.:::*:.**::*::.*****************:****:*::*
::*::*: **:**:*:*::*:   ..*


RtSA      IPADLPSIAADFVEDKEVCKNYAEAKDVFLGTFLYEYSRRHPDYSVSLLLRLAKKYEAT-
LEKCCAEGDPPACYGTVLAEFQPLVEEPKNLVKTNCELYEKLGEYGFQNAVLVRYTQKAPQ
RbSA      TPAGLPAVAEEFVEDKDVCKNYEEAKDLFLGKFLYEYSRRHPDYSVVLLLRLGKAYEAT-
LKKCCATDDPHACYAKVLDEFQPLVDEPKNLVKQNCELYEQLGDYNFQNALLVRYTKKVPQ
HSA       MPA-
DLPSLAADFVESKDVCKNYAEAKDVFLGMFLYEYARRHPDYSVVLLLRLAKTYETTLEKCCAAADPHECYAKVFDEFKPLVEEPQNLIKQNCELFEQLGEYKFQ
NALLVRYTKKVPQ
PSA       LPADLNPLEHDFVEDKEVCKNYKEAKHVFLGTFLYEYSRRHPDYSVSLLLRIAKIYEAT-
LEDCCAKEDPPACYATVFDKFQPLVDEPKNLIKQNCELFEKLGEYGFQNALIVRYTKKVPQ
BSA       IPENLPPLTADFAEDKDVCKNYQEAKDAFLGSFLYEYSRRHPEYAVSVLLRLAKEYEATLEEC-
CAKDDPHACYSTVFDKLKHLVDEPQNLIKQNCDQFEKLGEYGFQNALIVRYTRKVPQ
SSA       VPENLPPLTADFAEDKEVCKNYQEAKDVFLGSFLYEYSRRHPEYAVSVLLRLAKEYEAT-
LEDCCAKEDPHACYATVFDKLKHLVDEPQNLIKKNCELFEKHGEYGFQNALIVRYTRKAPQ
          * .* : :*.*.*:***** ***. *** *****:****:*:* :***:.* **:**:.*** ** **..*: ::: **:**:**:*
**: :*: *:*****::****:*.***


RtSA      VSTPTLVEAARNLGRVGTKCCTLPEAQRL-
PCVEDYLSAILNRLCVLHEKTPVSEKVTKCCSGSLVERRPCFSALTVDETYVPKEFKAETFTFHSDICTLPDKEKQIKKQTALAELVKHKP
```

```
RbSA       VSTPTLVEISRSLGKVGSKCCKHPEAERL-
PCVEDYLSVVLNRLCVLHEKTPVSEKVTKCCSESLVDRRPCFSALGPDETYVPKEFNAETFTFHADICTLPETERKIKKQTALVELVKHKP
HSA        VSTPTLVEVSRNLGKVGSKCCKHPEAKRMPCAEDYLSVVLNQLCVLHEKTPVS-
DRVTKCCTESLVNRRPCFSALEVDETYVPKEFNAETFTFHADICTLSEKERQIKKQTALVELVKHKP
PSA        VSTPTLVEVARKLGLVGSRCCKRPEEERLS-
CAEDYLSLVLNRLCVLHEKTPVSEKVTKCCTESLVNRRPCFSALTPDETYKPKEFVEGTFTFHADLCTLPEDEKQIKKQTALVELLKHKP
BSA        VSTPTLVEVSRSLGKVGTRCCTK-
PESERMPCTEDYLSLILNRLCVLHEKTPVSEKVTKCCTESLVNRRPCFSALTPDETYVPKAFDEKLFTFHADICTLPDTEKQIKKQTALVELLKHKP
SSA        VSTPTLVEISRSLGKVGTKCCAK-
PESERMPCTEDYLSLILNRLCVLHEKTPVSEKVTKCCTESLVNRRPCFSDLTLDETYVPKPFDEKFFTFHADICTLPDTEKQIKKQTALVELLKHKP
           ********  :*.** **::**   **  :*:  *.*****  :**:**********::*****: ***:****** *   **** ** *
****:*:***  :  *::********.**:****


RtSA       KATEDQLKTVMGDFAQFVDKCCKAADKDNCFATEGPNLVARSKEALA-
RbSA       HATNDQLKTVVGEFTALLDKCCSAEDKEACFAVEGPKLVESSKATLG-
HSA        KATKEQLKAVMDDFAAFVEKCCKADDKETCFAEEGKKLVAASQAALGL
PSA        HATEEQLRTVLGNFAAFVQKCCAAPDHEACFAVEGPKFVIEIRGILA-
BSA        KATEEQLKTVMENFVAFVDKCCAADDKEACFAVEGPKLVVSTQTALA-
SSA        KATDEQLKTVMENFVAFVDKCCAADDKEGCFVLEGPKLVASTQAALA-
           **.:**::*: :*. :::*** * *:: **. ** ::*   :  *
```

Multiple sequence alignment. Amino acid sequence alignments for rat (RtSA), rabbit (RbSA), human (HSA), porcine (PSA), bovine (BSA) and sheep (SSA) serum albumin proteins. Protein sequences were aligned using the CLUSTALW2 multiple sequence alignment (https://www.ebi.ac.uk/Tools/msa/clustalw2/). Fully conserved (*, blue, grey background) and functionally conserved (:, orange background) residues are highlighted.

3.7. References

1. D. Limones-Herrero, R. Pérez-Ruiz, E. Lence, C. González-Bello, M. A. Miranda, and M. C. Jiménez, *Chem. Sci.*, 2017, **8**, 2621–2628.

2. a) W. M. O'Brien, and G. F. Bagby, *Pharmacotherapy,* 1987, **7**, 16–24; b) S. L. Curry, S. M. Cogar, and J. L. Cook, *J. Am. Anim. Hosp. Asoc.*, 2005, **41**, 298-309; c) P. Lees, M. F. Landoni, J. Giraudel, and P. L. Toutain, *J. Veter. Pharmacol. Therap.*, 2004, **27**, 479-490.

3. a) T. J. Peter, *All about albumin: biochemistry, genetics and medical applications*, Academic press, California, 1996; b) U. Kragh-Hansen, *Pharmacol Rev.,* 1981, **33**, 17–53.

4. X. M. He, and D. C. Carter, *Nature,* 1992, **358**, 209–215.

5. a) G. Sudlow, D. J. Birkett, and D. N. Wade, *Mol. Pharmacol.*, 1975, **11**, 824–832. c) U. Kragh-Hansen, V. T. G. Chuang, and M. Otagiri, *Biol. Pharm. Bull.,* 2002, **25**, 695–704.

6. a) G. Sudlow, D. J.Birkett, and D. N. Wade, *Mol. Pharmacol.* 1976, **12**, 1052–1061; b) M. Fasano, S. Curry, E. Terreno, M. Galliano, G. Fanali, P. Narciso, S. Notari, and P. Ascenzi, *IUBMB Life,* 2005, **57**, 787–796.; c) D. C. Carter, and J. X. Ho, *Advances in protein Chemistry,* 1994, **45**, 153–203.

7. a) T. Kosa, T. Maruyama, and M. Otagiri, *Pharm. Res.*, 1997, **14**, 1607–1612. b) A. F. Aubry, N. Markoglou, and A. McGann, *Comp. Biochem. Physiol. C,* 1995, **112**, 257–266. c) M. H. Rahman, T. Maruyama, T. Okada, K. Yamasaki, and M.

Otagiri, *Biochem Pharmacol.*, 1993, **46**, 1721–1731. d) H. Kohita, Y. Matsushita, and I. Moriguchi, *Chem. Pharm. Bull.*, 1994, **42**, 937–940.

8. a) I. Vayá, R. Pérez-Ruiz, V. Lhiaubet-Vallet, M. C. Jiménez, and M. A. Miranda, *Chem. Phys. Lett.*, 2010, **486**, 147–153. b) V. Lhiaubet-Vallet, Z. Sarabia, F. Boscá, and M. A. Miranda, *J. Am. Chem. Soc.*, 2004, **126**, 9538–9539. c) V. Lhiaubet-Vallet, F. Bosca, and M. A. Miranda, *J. Phys. Chem. B,* 2007, **111**, 423–431.

9. M. H. Rahman, T. Maruyama, T. Okada, T. Imai, and M. Otagiri, *Biochem. Pharmacol.,* **1993**, **46**, 1733–1740.

10. a) M. Divkovic, C. K. Pease, G. F. Gerberick, and D. A. Basketter, *Contact Dermatitis,* 2005, **53**, 189–200. b) G. Johannesson, S. Rosqvist, C. H. Lindh, H. Welinder, and B. A. G. Jönsson, *Clin. Exp. Allergy,* 2001, **31**, 1021–1030. c) A. Lahoz, D. Hernández, M. A. Miranda, J. Pérez-Prieto, I. Morera, and J. Castell, *Chem. Res. Toxicol.,* 2001, **14**, 1486–1491.

11. P. Jones, *In vitro* phototoxicity assays, in Principles and Practice of Skin Toxicology, (R. Chilcott, S. Price Eds.), John Wiley & Sons, 2008, p. 169.

12. a) Y. Merot, M. Harms, and J.-H. Saurat, *Dermatologica,* 1983, **166**, 301–307. b) H. Kietzmann, T. H., Rüther, and B. Scheuer, *Akt. Dermatol.,* 1984, **10**, 17–20. c) E. Hoting, and K. H. Schultz, *Dermatosen,* 1984, **32**, 215–217. d) R. Roelandts, *Dermatologica,* 1986, **172**, 64–65, d) F. Bosca, M. L. Marin, and M. A.

Miranda, *Photochem. Photobiol.*, 2001, **74**, 637-655; e) A. C. Kerr, F. Muller, J. Ferguson, and R. S. Dawe, *British J. Dermatol.*, 2008, **159**, 1303–1308.

13. J. Moser, F. Boscá, W. W. Lovell, J. V. Castell, M. A. Miranda, and A. Hye, *J. Photochem. Photobiol. B.*, 2000, **58**, 13–19.

14. P.-L. Toutain, A. Ferran, A. Bousquet-Mélou, Species Differences in Pharmacokinetics and Pharmacodynamics in Handbook of Experimental Pharmacology, Vol. 199, Comparative and Veterinary Pharmacology, F. Cunningan, J. Elliot, P. Lees Eds., Springer-Verlag, Berlin, Heidelberg, 2010.

15. a) J.R. Lakowicz, Principles of Fluorescence Spectroscopy, Kluwer Academic/Plenum, New York, 1999; b) M. R. Ashrafi-Kooshk, F. Ebrahimi, S. Ranjbar, S. Ghobadi, N. Moradi, R. Khodarahmi, *Biologicals*, 2011, 1.

16. F. Bosca, S. Encinas, P. F. Heelis, and M. A. Miranda, *Chem. Res. Toxicol.*, 1997, **10**, 820–827.

17. B. Sekula, A. Ciesielska, P. Rytczak, M. Koziołkiewicz, and A. Bujacz, *Bioscience Reports*, 2016, **36**, e00338. doi: 10.1042/BSR20160089.

18. http://www.ccdc.cam.ac.uk/solutions/csd-discovery/components/gold/

19. A. Sivertsen, J. Isaksson, H. S. Leiros, J. Svenson, J. Svendsen, and B. O. Brandsdal, *BMC Struct. Biol.*, 2014, **14**, 4.

20. R. Pérez-Ruiz, E. Lence, I. Andreu, D. Limones-Herrero, C. González-Bello, M. A. Miranda, and M. C. Jiménez, *Chem. Eur. J.*, 2017, **23**, 13986–13994.

21. V. Lhiaubet-Vallet, F. Boscá, and M. A. Miranda, *J. Phys. Chem.* B, 2007, **111**, 423–431.

22. J. Ghuman, P. A. Zunszain, I. Petitpas, A. A. Bhattacharya, M. Otagiri, and S. Curry, *J. Mol. Biol.,* 2005, **353**, 38–52.

23. S. Curry, H. Mandelkow, P. Brick, and N. Franks, *Nat. Struct. Biol.,* 1998, **5**, 827–835.

24. B. R. Miller III, T. D. McGee Jr., J. M. Swails, N. Homeyer, H. Gohlke, and A. E. Roitberg, *J. Chem. Theory Comput.,* 2012, **8**, 3314–3321.

25. Z. M. Wang, J. X. Ho, J. R. Ruble, J. Rose, F. Rüker, M. Ellenburg, R. Murphy, J. Click, E. Soistman, L. Wilkerson, and D. C. Carter, *Biochim. Biophys. Acta,* 2013, **1830**, 5356–5374.

26. P. A. Zunszain, J. Ghuman, T. Komatsu, E. Tsuchida, and S. Curry, *BMC Struct. Biol.,* 2003, **3**, 6–14.

27. M. J. Frisch, G. W. Trucks, H. B. Schlegel, G. E. Scuseria, M. A. Robb, J. R. Cheeseman, G. Scalmani, V. Barone, B. Mennucci, G. A. Petersson, H. Nakatsuji, M. Caricato, X. Li, H. P. Hratchian, A. F. Izmaylov, J. Bloino, G. Zheng, J. L. Sonnenberg, M. Hada, M. Ehara, K. Toyota, R. Fukuda, J. Hasegawa, M. Ishida, T. Nakajima, Y. Honda, O. Kitao, H. Nakai, T. Vreven, J. A. Montgomery, Jr., J. E. Peralta, F. Ogliaro, M. Bearpark, J. J. Heyd, E. Brothers, K. N. Kudin, V. N. Staroverov, R. Kobayashi, J. Normand, K. Raghavachari, A. Rendell, J. C. Burant, S. S. Iyengar, J. Tomasi, M. Cossi, N. Rega, J. M. Millam, M. Klene, J. E.

Knox, J. B. Cross, V. Bakken, C. Adamo, J. Jaramillo, R. Gomperts, R. E. Stratmann, O. Yazyev, A. J. Austin, R. Cammi, C. Pomelli, J. W. Ochterski, R. L. Martin, K. Morokuma, V. G. Zakrzewski, G. A. Voth, P. Salvador, J. J. Dannenberg, S. Dapprich, A. D. Daniels, Ö. Farkas, J. B. Foresman, J. V. Ortiz, J. Cioslowski, and D. J. Fox, Gaussian 09, Revision A.2, Gaussian, Inc.: Wallingford CT, 2009.

28. L. A. Kelley, S. Mezulis, C. M. Yates, M. N. Wass, and M. J. E. Sternberg, *Nature Protocols,* 2015, **10**, 845−858.

29. J. A. Hamilton, L. K. Steinrauf, B. C. Braden, J. Liepnieks, M. D. Benson, G. Holmgren, O. Sandgren, and L. Steen, *J. Biol. Chem.,* 1993, **268**, 2416−2424.

30. a) E. Vanquelef, S. Simon, G. Marquant, E. Garcia, G. Klimerak, J. C. Delepine, P. Cieplak, and F.-Y. Dupradeau, *Nucleic Acids Res.,* 2011, **39**, W511−W517. b) http://upjv.q4md-forcefieldtools.org/RED/ (accessed June 1, 2018). c) F.-Y. Dupradeau, A. Pigache, T. Zaffran, C. Savineau, R. Lelong, N. Grivel, D. Lelong, W. Rosanski, and P. Cieplak, *Phys. Chem. Chem. Phys.,* 2010, **12**, 7821−7839.

31. W. D. Cornell, P. Cieplak, C. I. Bayly, I. R. Gould, K. M. Merz, D. M. Ferguson, D. C. Spellmeyer, T. Fox, J. W. Caldwell, and P. A. Kollman, *J. Am. Chem. Soc.,* 1995, **117**, 5179−5197.

32. D. A. Case, T. E. Cheatham, T. Darden, H. Gohlke, R. Luo, K. M. Merz, O. Onufriev, C. Simmerling, B. Wang, and R. J. Woods, *J. Comput. Chem.,* 2005, **26**, 1668−1688.

33. a) J. Wang, R. M. Wolf, J. W. Caldwell, P. A. Kollman, and D. A. Case, *J. Comp. Chem.*, 2004, **25**, 1157–1174. b) J. Wang, W. Wang, P. A. Kollman, and D. A. Case, *J. Mol. Graphics Modell.*, 2006, **25**, 247–260.

34. a) J. C. Gordon, J. B. Myers, T. Folta, V. Shoja, L. S. Heath, and A. Onufriev, *Nucleic Acids Res.*, 2005, **33** (Web Server issue):W368. b) http://biophysics.cs.vt.edu/H++.

35. J. A. Maier, C. Martinez, K. Kasavajhala, L. Wickstrom, K. E. Hauser, and C. Simmerling, *J. Chem. Theory Comput.*, 2015, **11**, 3696–3713.

36. D. A. Case, J. T. Berryman, R. M. Betz, D. S. Cerutti, T. E. Cheatham III, T. A. Darden, R. E. Duke, T. J. Giese, H. Gohlke, A. W. Goetz, N. Homeyer, S. Izadi, P. Janowski, J. Kaus, A. Kovalenko, T. S. Lee, S. LeGrand, P. Li, T. Luchko, R. Luo, B. Madej, K. M. Merz, G. Monard, P. Needham, H. Nguyen, H. T. Nguyen, I. Omelyan, A. Onufriev, D. R. Roe, A. Roitberg, R. Salomon-Ferrer, C. L. Simmerling, W. Smith, J. Swails, R. C. Walker, J. Wang, R. M. Wolf, X. Wu, D. M. York, P. A. Kollman, AMBER 2015, University of California, San Francisco, 2015.

37. A. W. Goetz, M. J. Williamson, D. Xu, D. Poole, S. Le Grand, and R. C. Walker, *J. Chem. Theory Comput.*, 2012, **8**, 1542–1555.

38. R. Salomon-Ferrer, A. W. Goetz, D. Poole, S. Le Grand, and R. C. Walker, *J. Chem. Theory Comput.*, 2013, **9**, 3878–3888.

39. S. Le Grand, A. W. Goetz, and R. C. Walker, *Comp. Phys. Comm.,* 2013, **184**, 374–380.

40. T. A. Darden, D. York, and L. G. Pedersen, *J. Chem. Phys.,* 1993, **98**, 10089–10092.

41. J.-P. Ryckaert, G. Ciccotti, and H. J. C. Berendsen, *J. Comput. Phys.,* 1977, **23**, 327–341.

42. W. L. DeLano, The PyMOL Molecular Graphics System. (2008) DeLano Scientific LLC, Palo Alto, CA, USA. http://www.pymol.org/.

43. D. R. Roe, and T. E. Cheatham, *J. Chem. Theory Comput.,* 2013, **9**, 3084–3095.

44. http://www.amber.utah.edu/AMBER-workshop/London-2015/pca/

Capítulo 4

Photobinding of Triflusal to Human Serum Albumin Investigated by Fluorescence, Proteomic Analysis and Computational Studies

4.1. Introduction

Photoactive molecules can be present in living systems as endogenous substances or they can be taken up from exogenous sources.[1] They include drugs, cosmetics, pesticides, or dyes and can produce beneficial effects in living organisms, which can be used for therapeutic purposes; however, they can also turn non-harmful and low energetic wavelength light into a biological damaging agent, triggering a cascade of chemical events that may finally result in important biological disorders.[2]

In this context, photoallergy is associated with a cell-mediated immune response which is initiated by covalent binding of a light-activated hapten (for instance, a drug or a species derived therefrom) to a protein.[3,4] It is considered an emerging health concern due to the widespread use of topical drugs (including antibiotics, antifungals, antihistaminics, cardiovascular and nonstereoidal anti-inflammatory drugs), cosmetics and nutraceutical in humans, which has attracted considerable attention from both industry and regulatory agencies.[5,6,7]

Triflusal (2-acetoxy-4-trifluoromethylbenzoic acid), a platelet antiaggregant, is employed for the treatment and prevention of thromboembolic diseases.[8-11] In fact, it acts as prodrug that after administration is biotransformed into its active metabolite, the 2-hydroxy-4-trifluoromethylbenzoic acid (HTB), whose half-life in the organism is 70-fold longer than that of triflusal. It has been demonstrated that not only triflusal but also HTB is capable to induce photoallergy in humans.[12-15] In this context, HTB has been found to be photolabile under various conditions. Its major photodegradation pathway appears to be the nucleophilic attack at the trifluoromethyl moiety. In the presence of nucleophiles (including amino acids, peptides or proteins), carboxylic acid derivatives (esters, amides, thioesters) are formed.

Photobinding of HTB to bovine serum albumin has been previously monitored in our group through the fluorescence changes occurring upon irradiation of a drug-protein mixture, after isolation of the protein by gel-filtration chromatography.[16] In addition, formation of photoadducts between HTB and lysine or polylysine[17] as well as HTB photoreaction with lysine residues of the simple model protein ubiquitin[18] have been observed. This pinpoints to a photonucleophilic addition of the lysine amino group to HTB as a mechanistic key in photoallergy.

However, ubiquitin is a small protein that lacks binding sites and does not bind drugs efficiently; therefore, it appears necessary to employ as target a transport protein present in human blood, able to interact with HTB at some stage while the drug is developing its pharmacological action. This is the case of human serum albumin (HSA), the most abundant protein in human plasma, able to bind a widespread range of endo and exogeneous ligands. It is a 67 kDa monomer whose primary structure comprises a single chain of 585 amino acid residues, with 17 disulfide bridges, 1 tryptophan, and 1 free cysteine; a R-helix of six turns forms the 67% of the secondary structure. The 3D-assembly of HSA contains three homologous helical domains (I-III), each divided into A and B subdomains.[19] Regarding the seminal work of Sudlow and co-workers based on the displacement of fluorescence probes, small ligands usually bind at one of the two primary sites (I and II) located in subdomains IIA and IIIA, respectively. Although to a lesser extent, sites with lower affinity can also be populated. The binding constant of HTB to HSA is 4.7×10^5 M^{-1}, with site I as the main binding site.[20]

With this background, we decided to undertake an investigation on the possible modification of HSA lysine residues by photobinding of HTB. This will provide valuable information both on the molecular recognition center of the protein, and on the issue of HTB mediated photoallergy. For this purpose, we have employed a combined fluorescence, proteomic and computational approach, as summarized in Figure 4.1.

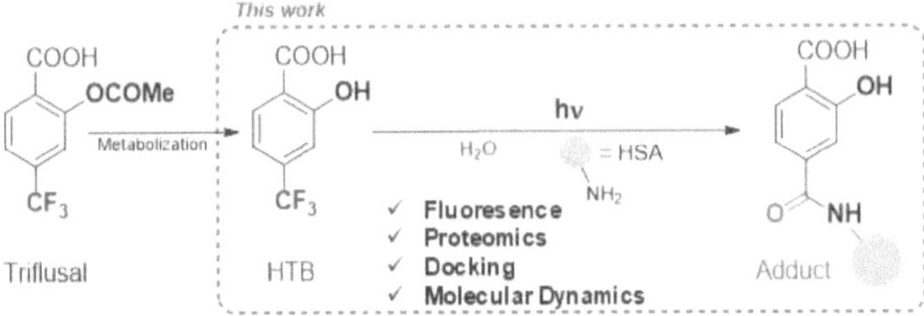

Figure 4.1. Approach for investigating the photobinding of HTB to HSA.

4.2. Results and Discussion

The obtained results are presented below, arranged in three sections dealing with size exclusion chromatography coupled with fluorescence measurements, proteomic analysis and computational studies.

4.2.1. Fluorescence detection of covalent HTB photoadducts to HSA

A mixture of HTB (5×10^{-5} M) in the presence of HSA (1:1 drug/protein molar ratio) was irradiated in a multilamp photoreactor (λ_{max} = 300 nm, PBS, air, 30 min). The fluorescence spectra recorded before and after irradiation were markedly different (Figure 4.2). Thus, the band for the irradiated mixture was less intense and red-shifted (λ_{max} = 425 nm) respect to that non-irradiated (λ_{max} = 415 nm). This suggests photodegradation, in agreement with the previously reported photoreactivity for other trifluoromethyl-substituted substrates.[21] The irradiated sample was then treated with guanidinium hydrochloride and filtered through Sephadex, in order to elute only the high molecular weight components of the photomixture. The emission of the eluate still displayed fluorescence (λ_{max} = 435 nm), clearly indicating covalent HTB photobinding to the protein. The fluorescence of a non-irradiated HTB/HSA mixtures filtered through Sephadex (not shown) was negligible, indicating no photobinding.

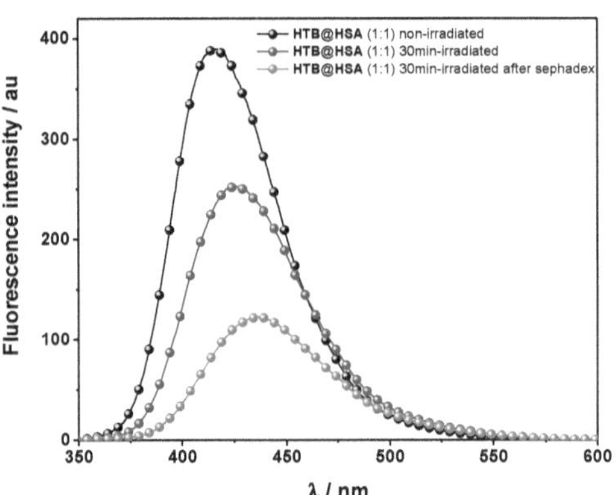

Figure 4.2. Fluorescence spectra (λ_{exc} = 320 nm) of non- and 30 min-irradiated samples of HTB/HSA mixtures, before and after treatment with guanidinium hydrochloride and Sephadex filtration. [HTB] = [HSA] = 5 × 10^{-5} M; PBS, air.

4.2.2. Determination of the modified amino acid residues by proteomic analysis

The photobinding of HTB to HSA was then investigated by proteomic analysis, a tool that allows identifying which amino acids are modified when covalent binding to proteins occurs. For that purpose, an irradiated HTB/HSA mixture (λ_{max} = 300 nm, PBS, air, 30 min) was filtered to remove HTB excess, submitted to trypsin digestion (to cleave peptide chains mainly at the carboxyl side of Lys or Arg residues, unless there is a neighboring Pro residue) and the resulting mixture was analyzed by HPLC-MS/MS, in order to investigate the modified peptide sequence and to undertake a detailed characterization of the HTB-HSA adducts. Processing of the full-scan and fragmentation data files was performed by using the Mascot® database search engine, and by entering variable modifications that take into account Lys as the main nucleophilic sites able to react with the trifluoromethyl group of HTB.

The results are depicted in Figure 4.3A with the modified peptides in black and the modified amino acids in red. For clarity, the amino acid numbering used corresponds to that provided in PDB structures, where the first 24 amino acids are usually not observed. An increment of *ca.* 164 amu was observed in eight peptides. Formation of HTB-HSA adducts at Lys137, Lys199, Lys205, Lys351, Lys432, Lys525, Lys541, Lys545 (Table 4.1), agrees with the ESI-MS/MS spectra and fragmentation pattern of the modified peptides (see Figures 4.3B-C for Lys199 and Figures in the Supplementary Material for the rest of Lysines).

A

```
  1 MKWVTFISLL FLFSSAYSRG VFRRDAHKSE VAHRFKDLGE ENFKALVLIA
 51 FAQYLQQCPF EDHVKLVNEV TEFAKTCVAD ESAENCDKSL HTLFGDKLCT
101 VATLRETYGE MADCCAKQEP ERNECFLQHK DDNPNLPRLV RPEVDVMCTA
151 FHDNEETFLK KYLYEIARRH PYFYAPELLF FAKRYKAAFT ECCQAADKAA
201 CLLPKLDELR DEGKASSAKQ RLKCASLQKF GERAFKAWAV ARLSQRFPKA
251 EFAEVSKLVT DLTKVHTECC HGDLLECADD RADLAKYICE NQDSISSKLK
301 ECCEKPLLEK SHCIAEVEND EMPADLPSLA ADFVESKDVC KNYAEAKDVF
351 LGMFLYEYAR RHPDYSVVLL LRLAKTYETT LEKCCAAADP HECYAKVFDE
401 FKPLVEEPQN LIKQNCELFE QLGEYKFQNA LLVRYTKKVP QVSTPTLVEV
451 SRNLGKVGSK CCKHPEAKRM PCAEDYLSVV LNQLCVLHEK TPVSDRVTKC
501 CTESLVNRRP CFSALEVDET YVPKEFNAET FTFHADICTL SEKERQIKKQ
551 TALVELVKHK PKATKEQLKA VMDDFAAFVE KCCKADDKET CFAEEGKKLV
601 AASQAALGL
```

B

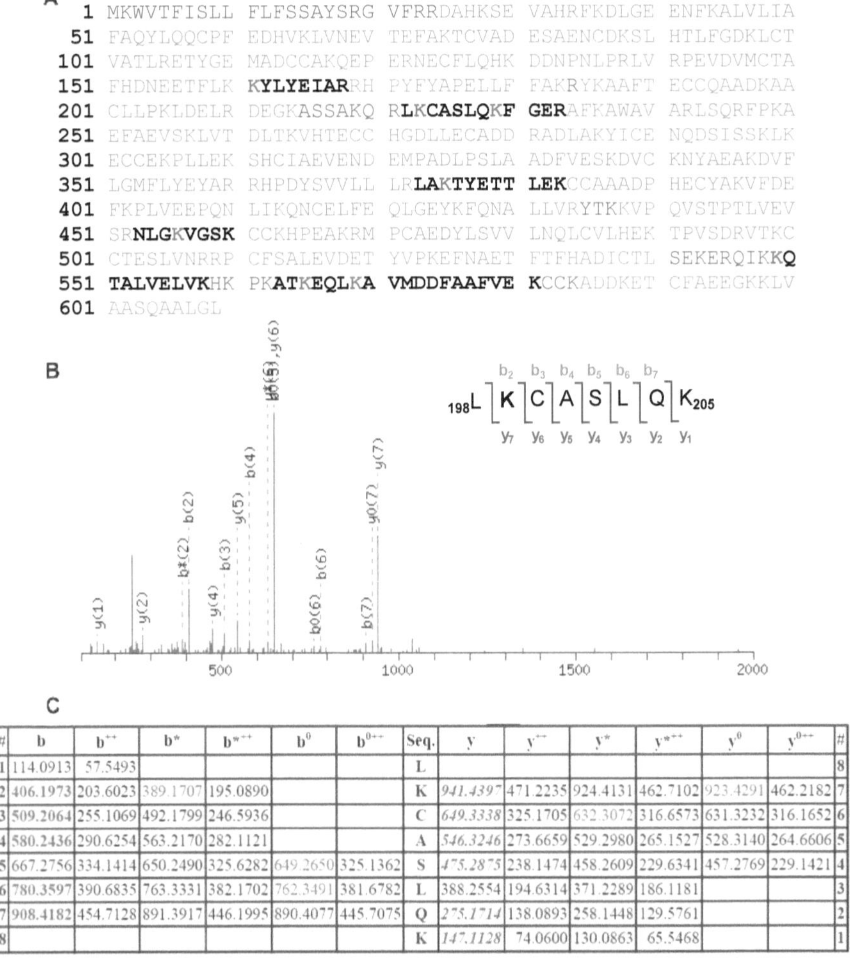

C

#	b	b++	b*	b*++	b0	b0++	Seq.	y	y++	y*	y*++	y0	y0++	#
1	114.0913	57.5493					L							8
2	406.1973	203.6023	389.1707	195.0890			K	941.4397	471.2235	924.4131	462.7102	923.4291	462.2182	7
3	509.2064	255.1069	492.1799	246.5936			C	649.3338	325.1705	632.3072	316.6573	631.3232	316.1652	6
4	580.2436	290.6254	563.2170	282.1121			A	546.3246	273.6659	529.2980	265.1527	528.3140	264.6606	5
5	667.2756	334.1414	650.2490	325.6282	649.2650	325.1362	S	475.2875	238.1474	458.2609	229.6341	457.2769	229.1421	4
6	780.3597	390.6835	763.3331	382.1702	762.3491	381.6782	L	388.2554	194.6314	371.2289	186.1181			3
7	908.4182	454.7128	891.3917	446.1995	890.4077	445.7075	Q	275.1714	138.0893	258.1448	129.5761			2
8							K	147.1128	74.0600	130.0863	65.5468			1

Figure 4.3. A: Amino acid sequence (92% coverage) obtained after irradiation of HTB in the presence of HSA, with the non-resolved amino acids in blue. The modified peptides are in black, and the altered amino acid residues are in red. B: Modified peptide with fragmentation keys and ESI-MS/MS spectra of the fragmentation pathway of 198LKCASLQK205. C: Related data with the "y" and "b" ion series.

Table 4.1. Modified peptides, with experimental and calculated mass values.

Peptide	Mr exp	Mr calc	Modified Lys
$_{137}$KYLYEIAR$_{144}$	1218.593	1218.592	137
$_{198}$LKCASLQK$_{205}$	1053.5158	1053.5164	199
$_{200}$CASLQKFGER$_{209}$	1358.5912	1358.5925	205
$_{499}$LAKTYETTLEK$_{359}$	1459.7046	1459.7082	351
$_{429}$NLGKVGSK$_{436}$	965.484	965.4818	432
$_{525}$KQTALVELVK$_{534}$	1291.7032	1291.7023	525
$_{539}$ATKEQLK$_{545}$	980.4786	980.4814	541
$_{542}$EQLKAVMDDFAAFVEK$_{557}$	2003.9174	2003.9186	545

An analysis of the arrangement of the Lys residues covalently modified by HTB (Lys137, Lys199, Lys205, Lys351, Lys432, Lys541, Lys545, and Lys525) in the tridimensional structure of HSA, revealed that: (i) the vast majority of Lys residues present in HSA (60) remains unmodified; (ii) only Lys199 is located in an internal pocket of the protein and (iii) the remaining modified residues are placed in the external part of the protein. The covalent modification of Lys199 was further studied at atomic detail by docking and Molecular Dynamics (MD) simulation studies, which is discussed below.

4.2.3. Computational studies to elucidate the HTB binding mode

It has been reported that Lys199 has an unusually low pK_a of ~8 that favors a neutral protonation state (nucleophile), allowing its chemical modification by electrophilic reagents, such as trifluoromethyl-substituted aryl halides and sulfonates.[22] In addition, diverse experimental results and computational studies have identified Lys199 as the key catalytic residue in the esterase activity of HSA (Figure 4.4A).[23-25] Interestingly, all the external Lys residues modified by HTB have an acidic residue(s) (Glu/Asp) in their local environments that can act as general base for deprotonation and therefore the generation of the nucleophile, which justify the experimentally observed covalent modifications of these external lysine residues, corresponding to non-specific binding of HTB to HSA (Figures 4.4B-G).

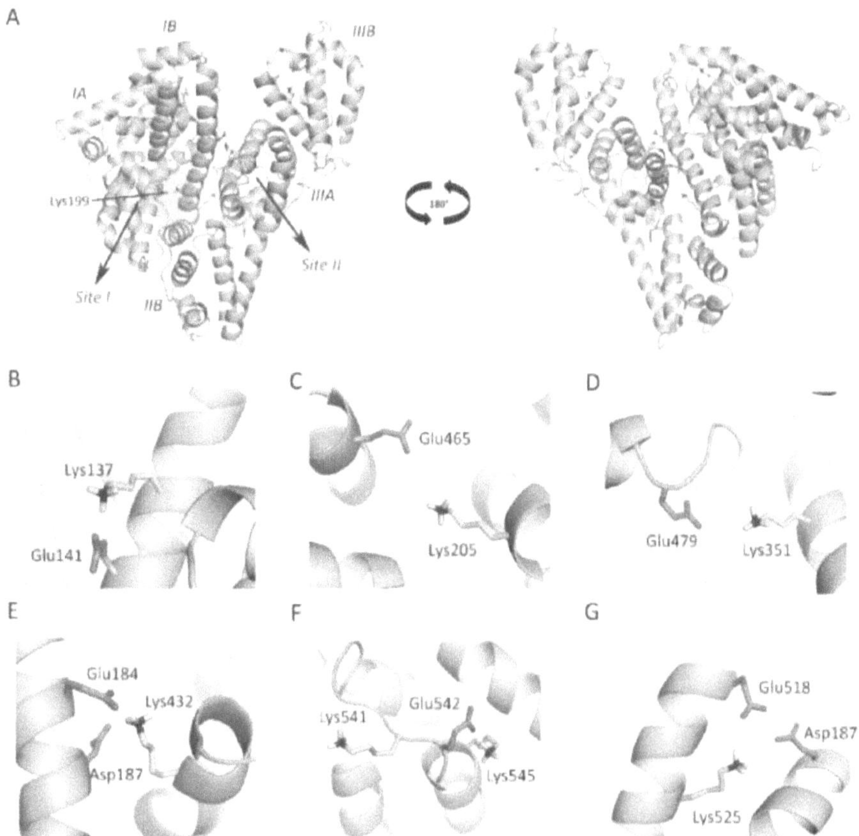

Figure 4.4. (A) Position of the Lys residues modified by HTB in the three-dimensional structure of HSA. Two perspectives are shown. The side chains of the external modified Lys residues (yellow), the internal Lys199 (orange) and the acidic residues constituting the local environment of the external Lys residues (Glu/Asp, green) are indicated. (B–G) Close view of the seven modified external Lys residues (Lys137, Lys205, Lys351, Lys541, Lys545, Lys525 and Lys432) identified by proteomic analysis. Note how for all cases the latter residues have either Glu or Asp residues in the vicinity to deprotonate them. The position of the internal lysine residue Lys199 is highlighted with a yellow shadow.

Reasoning that the selective covalent modification of Lys199 by HTB among all the internal lysine residues in HSA could be due to binding of the ligand in the identified pocket of the protein, and in an effort to understand in atomic detail the HTB binding mode, computational studies were performed. To this end, molecular docking using GOLD 5.2.2[26] was carried out using the available protein coordinates of the crystallographically determined HSA in complex with oxyphenbutazone (PDB code 2BXB).[27] This structure was selected considering the results of our previous studies with quinone-methides generated by photoirradiation.[21] These reactive intermediates proved to cause the covalent modification of Lys195 that is located in the vicinity of Lys199. The proposed binding mode of HTB was further validated by MD simulation studies that were performed by using the monomer of the HTB@HSA protein complex obtained by docking in a truncated octahedron of water molecules obtained with the molecular mechanics force field AMBER.[28]

The results from the simulation studies showed that the proposed binding for HSA in the "V-cleft" region obtained by docking was reliable as the HTB@HSA-V-cleft complex proved to be very stable during 100 ns of simulation (Figure 4.5). Thus, an analysis of the root-mean-square deviation (rmsd) for the protein backbone (Cα, C, N and O atoms) calculated for the complex obtained from MD simulation studies (100 ns) revealed average values of 1.8 Å (Figure 4.6).

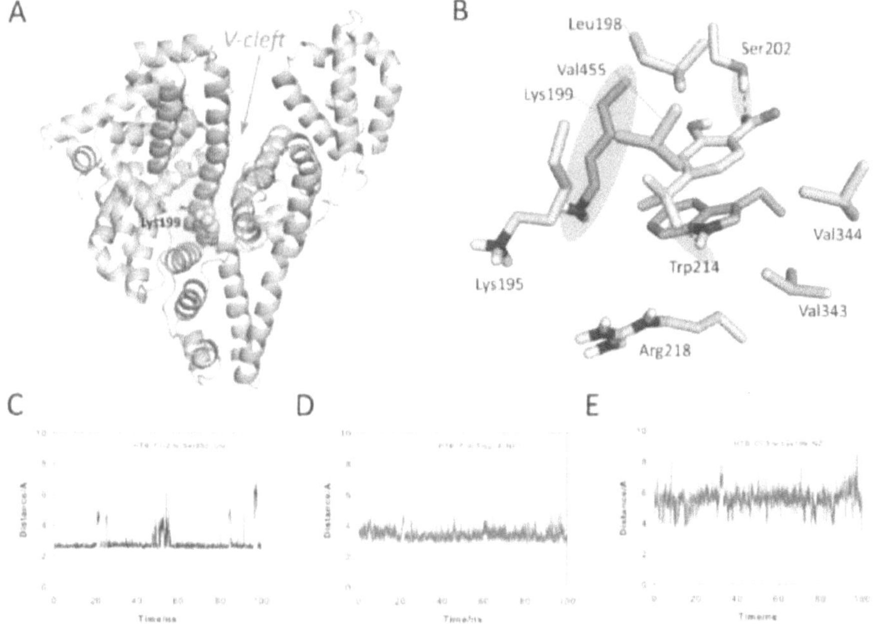

Figure 4.5. Proposed binding mode of HTB (yellow) to HSA protein as obtained by MD simulation studies. (A) Overall view of the proposed binary HTB@HSA complex. Snapshot after 88 ns is shown. The side chain of the experimentally modified internal lysine residue is shown (orange). (B) Detailed view of the HTB@HSA complex. The position of Lys199 and relevant hydrogen bonds are highlighted with a blue shadow. (C, D, E) Variation of the relative distance in the HTB@HSA protein complex during 100 ns of simulation between: (C) the O12 atom (CO2 group) in HTB and the side chain oxygen atom (OG) of Ser202; (D) the closest fluorine atom (CF3 group) in HTB and the aromatic nitrogen atom (NE1) of Trp214; and (E) the C13 atom (CF3 group) in HTB and the NZ atom of Lys199. Note how Lys199 is well located for nucleophilic attack to the CF3 group. Relevant side chain residues are shown and labelled. Hydrogen bonding interactions are shown as red dashed lines. The position of Lys199 and relevant hydrogen bonds are highlighted with a blue shadow.

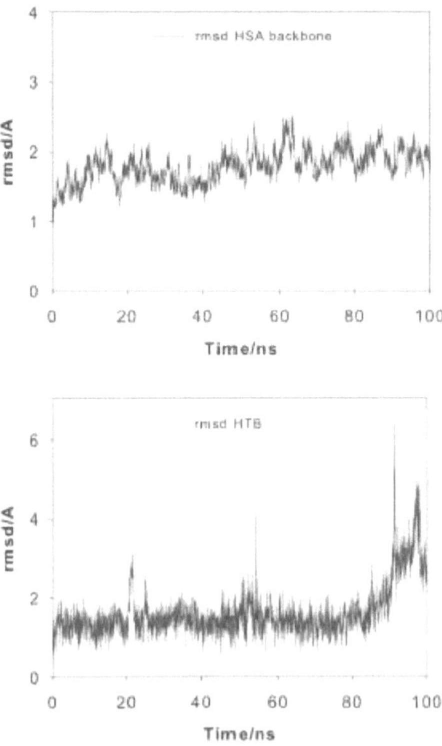

Figure 4.6. The rmsd plots for the protein backbone (Cα, C, N and O atoms) (up) and ligand (down) calculated for the binary HTB@HSA complex obtained from MD simulation studies.

In addition, no significant modifications in the position of the ligand were observed during the simulation (average 1.6 Å). HTB would be anchored to the "V-cleft" pocket of HSA by two strong hydrogen bonding interactions, specifically, one between the carboxylate group in HTB and the side chain of Ser202 and the second one between a fluorine atoms of CF_3 in HTB and the NH group of Trp214 (Figures 5A and 5B). The stability of these interactions can be easily visualized by an analysis of the relative distance between the atoms involved in those interactions as it is shown in Figures 5C and 5D. Thus, the average distances between the O12 atom (CO_2 group) in HTB and the side chain oxygen atom (OG) in Ser202 and the closest fluorine atom in HTB and the aromatic nitrogen atom (NE1) in Trp214 were 2.9 Å and 3.4 Å, respectively. In addition, the aromatic ring of the ligand would be embedded in the apolar pocket involving the side chains of residues Leu198, Val455, Val344, Val343, Trp214 and Lys195 (carbon chain).

It is worth noting the strong π-stacking interaction between the ligand and the indole ring of Trp214, which are stacked at a distance of about 4 Å during the whole simulation.

Importantly, the results of our computational studies would also explain the covalent modification of Lys199. Thus, (i) the CF_3 moiety in HTB would be located in the proximity of ε-amino group of Lys199 with an average distance (between N and C atoms) of 5.5 Å during the simulation (Figure 5E); and (ii) both the nucleophile and the CF_3 group in HTB would have the appropriate arrangement for the nucleophilic substitution reaction that triggers the amide adduct formation (Figure 5B). Moreover, these results were also in agreement with the previously reported displacement studies using ibuprofen, which is a non-steroidal anti-inflammatory drug with high affinity to site II, pointing to site I as clearly preferred for binding of HTB.[17]

4.3. Conclusions

The active metabolite of triflusal, HTB, undergoes covalent photobinding to HSA. The amino acids that become modified in the process are eight Lys residues of the protein; seven of them are external and only one (Lys 199) is located in a binding pocket of HSA. The mass spectrometric analysis of the adducts is consistent with photonucleophilic attack of the ε-amino group of Lys to the trifluoromethyl group of HTB, which is assisted by the presence of Glu/Asp residues in the neighborhood of the external Lys units. Based on docking and MD simulation studies, the HTB binding domain to HSA has been identified in atomic detail, and the covalent modification mechanism triggered upon irradiation can be explained. Thus, HTB is anchored to the "V-cleft" pocket of HSA by two strong hydrogen bonding interactions with Ser202 and Trp214, with its aromatic ring embedded in the apolar pocket involving the Leu198, Val455, Val344, Val343, Trp214 and Lys195 residues. Overall, the obtained results explain the covalent modification of Lys199 and are relevant in connection with the photoallergy observed for triflusal in clinical studies.

4.4. Experimental

4.4.1. General.

2-hydroxy-4-trifluoromethylbenzoic acid (HTB), human serum albumin (HSA) were commercially available. Spectrophotometric, HPLC or reagent grade solvents were used without further purification. Solutions of phosphate-buffered saline (PBS) (0.01 M, pH 7.4) were prepared by dissolving phosphate-buffered saline tablets in Milli-Q water.

4.4.2. Fluorescence Experiments.

Spectra were recorded on a JASCO FP-8500 spectrofluorometer system, provided with a monochromator in the wavelength range of 200–850 nm, at 22 °C. Experiments were performed on solutions of HTB (5×10^{-5} M) in the presence of HSA (at 1:1 HTB/HSA molar ratio), employing 10×10 mm^2 quartz cells with 4 mL capacity.

4.4.3. Treatment with Guanidinium Chloride and Filtration through Sephadex.

Guanidinium chloride (1.72 mL, 6 M) was added to 3 mL of HTB/HSA in PBS, in order to cause protein denaturation. The mixture was then filtered through a Sephadex P-10 column. Firstly, 25 mL of pure PBS were eluted; then 2.5 mL of the HTB/HSA mixture treated with GndCl were also eluted; finally, 3.5 mL of PBS were eluted again. The absorption and emission of the final sample were then measured. To take into account the dilution factor, a similar experiment was conducted directly on HSA (in the absence of HTB). In this way, the ratio between the absorbance value before and after filtration was obtained, which was employed as correction factor in the experiments.

4.4.4. Protein Digestion and LC-ESI-MS/MS Analysis.

The proteic contents of irradiated samples were enzymatically digested into smaller peptides using trypsin. Subsequently, these peptides were analyzed using nanoscale liquid chromatography coupled to tandem mass spectrometry (nano LC-MS/MS). Briefly, 20 μg of sample were taken (according to Qubit quantitation) and the volume was set to 20 μL. Digestion was achieved with sequencing grade trypsin (Promega) according to the following steps: i) 2 mM DTT in 50 mM NH$_4$HCO$_3$ V = 25 μL, 20 min (60 °C); ii) 5.5

mM IAM in 50 mM NH₄HCO₃ V=30 μL, 30 min (dark); iii) 10 mM DTT in 50 mM NH₄HCO₃ V = 60 μL, 30 min; iv) Trypsin (Trypsin: Protein ratio 1:20 w/w) V = 64 μL, overnight 37 °C. Digestion was stopped with 7 μL 10 % TFA (Cf protein ca 0.28 μg/μL). Next, 5 μL of sample (except the main bands) were loaded onto a trap column (NanoLC Column, 3μ C18-CL, 350 um x 0.5 mm; Eksigent) and desalted with 0.1% TFA at 3 μL/min during 5 min. The peptides were then loaded onto an analytical column (LC Column, 3 μ C18-CL, 75 um × 12 cm, Nikkyo) equilibrated in 5% acetonitrile 0.1% formic acid. Elution was carried out with a linear gradient of 5 to 45% B in A for 30 min (A: 0.1% formic acid; B: acetonitrile, 0.1% formic acid) at a flow rate of 300 μL/min. Peptides were analyzed in a mass spectrometer nanoESI qQTOF (5600 TripleTOF, AB-SCIEX). The tripleTOF was operated in information-dependent acquisition mode, in which a 0.25-s TOF MS scan from 350–1250 m/z was performed, followed by 0.05-s product ion scans from 100-1500 m/z on the 50 most intense 2-5 charged ions. Pro-teinPilot v4.5. (ABSciex) search engine default parameters were used to generate peak list directly from 5600 TripleTOF wiff files. The obtained mgf was used for identifica-tion with MASCOT (v 4.0, Matrix- Science). Database search was performed on Swis-sProt database. Searches were done with tryptic specificity allowing one missed cleavage and a tolerance on the mass measurement of 100 ppm in MS mode and 0.6 Da in MS/MS mode.

4.4.5. Docking Studies.

They were carried out using program GOLD 5.2.2 and the protein coordinates found in the crystal structure of HSA in complex with oxyphenbutazone (PDB code 2BXB). Ligand geometries were minimized using the AM1 Hamiltonian as implemented in the program Gaussian 09 and used as MOL2 files. Each ligand was docked in 25 independent genetic algorithm (GA) runs, and for each of these, a maximum number of 100,000 GA operations were performed on a single population of 50 individuals. Operator weights for crossover, mutation, and migration in the entry box were used as default parameters (95, 95, and 10, respectively) as well as the hydrogen bonding (4.0 Å) and van der Waals (2.5 Å) parameters. The position of the side chain of the experimentally observed modified residue was used to define the active site, and the radius was set to 8 Å. All crystallographic water molecules and the ligands were removed for docking. The "flip ring corners" flag was switched on, while all the other flags were off. The GOLD scoring function was used to rank the ligands for fitting.

Molecular Dynamics Simulations Studies.

Ligand Minimization. The ligand geometries of the highest score solution obtained by docking were minimized using a restricted Hartree–Fock (RHF) method and a 6-31G(d) basis set, as implemented in the ab initio program Gaussian 09.[29] Partial charges were derived by quantum mechanical calculations using Gaussian 09, as implemented in the R.E.D. Server (version 3.0),[30] according to the RESP[31] model. Ligand coordinates obtained by docking were employed as starting point for MD simulations. The missing bonded and nonbonded parameters were assigned, by analogy or through interpolation, from those already present in the AMBER database (GAFF).[32]

Generation and Minimization of the Complexes.

Simulations of the HTB@HSA binary complex were carried out using the enzyme geometries in PDB code 2BXB and the ligand geometries of the highest score solution. Computation of the protonation state of titratable groups at pH 7.0 was carried out using the H++ Web server.[33] Addition of hydrogen and molecular mechanics parameters from the ff14SB[34] and GAFF force fields, respectively, were assigned to the protein and the ligands using the LEaP module of AMBER Tools 17. As a result of this analysis: (i) His535 was protonated in δ position; (ii) His3, His9, His39, His146, His242, His288, His440, His464, and His510 were protonated in ε position; (iii) His67, His105, His128, His247, His338, and His367 were protonated in δ and ε positions. The protein was immersed in a truncated octahedron of ~25,000 TIP3P water molecules and neutralized by addition of sodium ions. The system was minimized in five stages: (a) minimization of poorly unsolved residues: 12, 33, 41, 51, 56, 60, 73, 81, 82, 84, 94, 95, 97, 111, 114, 174, 186, 190, 205, 209, 225, 227, 240, 250, 275, 276, 277, 297, 301, 313, 317, 321, 359, 390, 402, 436, 439, 444, 466, 513, 519, 524, 532, 536, 538, 541, 545, 550, 551, 560, 562, 564, 565, 574 and 580 (1000 steps, first half using steepest descent and the rest using conjugate gradient); (b) minimization of the ligand (1000 steps, first half using steepest descent and the rest using conjugate gradient); (c) minimization of the solvent and ions

(5000 steps, first half using steepest descent and the rest using conjugate gradient); (d) minimization of the side chain residues, waters, and ions (5000 steps, first half using steepest descent and the rest using conjugate gradient); (e) final minimization of the whole system (5000 steps, first half using steepest descent, and the rest using conjugate gradient). A positional restraint force of 50 kcal mol^{-1} Å^{-2} was applied to not minimized residues of the protein during the stages a–c and to α carbons during the stage d, respectively.

Simulations.

MD simulations were performed using the pmemd.cuda_SPFP[35-37] module from the AMBER 16 suite of programs. Periodic boundary conditions were applied, and electrostatic interactions were treated using the smooth particle mesh Ewald method (PME)[38] with a grid spacing of 1 Å. The cutoff distance for the nonbonded interactions was 9 Å. The SHAKE algorithm[39] was applied to all bonds containing hydrogen using a tolerance of 10^{-5} Å and an integration step of 2.0 fs. The minimized system was then heated at 300 K at 1 atm by increasing the temperature from 0 to 300K over 100 ps and by keeping the system at 300 K another 100 ps. A positional restraint force of 50 kcal mol^{-1} Å^{-2} was applied to all α carbons during the heating stage. Finally, an equilibration of the system at constant volume (200 ps with positional restraints of 5 kcal mol^{-1} Å^{-2} to α alpha carbons) and constant pressure (another 100 ps with positional restraints of 5 kcal mol^{-1} Å^{-2} to α carbons) was performed. The positional restraints were gradually reduced from 5 to

1 mol^{-1} Å^{-2} (5 steps, 100 ps each), and the resulting systems were allowed to equilibrate further (100 ps). Unrestrained MD simulations were carried out for 100 ns. System coordinates were collected every 10 ps for further analysis. The molecular graphics program PyMOL[40] was employed for visualization and depicting ligand/protein structures. The cpptraj module in AMBER 16 was used to analyze the trajectories and to calculate the rmsd of the protein during the simulation.[41]

4.5. Supplementary Material

Modified peptide and ESI-MS/MS spectra of the fragmentation pathway of $_{137}$KYLYEIAR$_{144}$. For clarity, the amino acid numbering used corresponds to the provided in PDB structures as the first 24 amino acids are usually not observed.

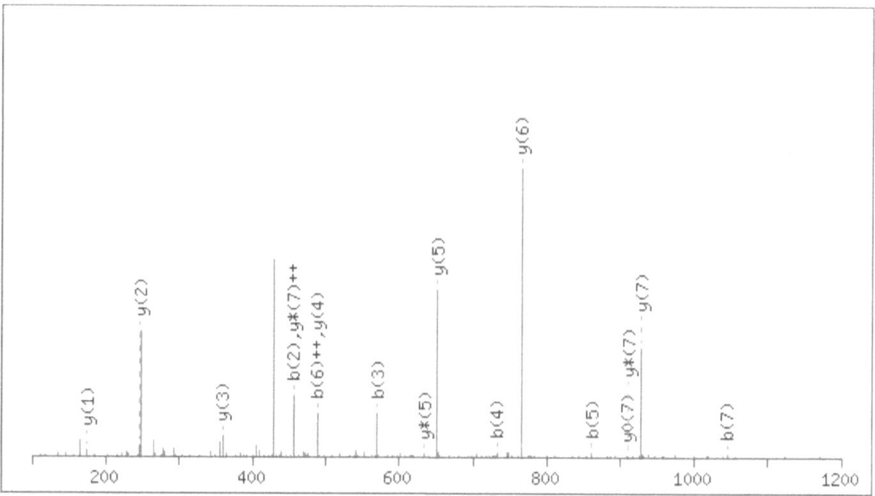

#	b	b⁺⁺	b*	b*⁺⁺	b⁰	b⁰⁺⁺	Seq.	y	y⁺⁺	y*	y*⁺⁺	y⁰	y⁰⁺⁺	#
1	293.1132	147.0602	276.0866	138.5470			K							8
2	456.1765	228.5919	439.1500	220.0786			Y	927.4934	464.2504	910.4669	455.7371	909.4829	455.2451	7
3	569.2606	285.1339	552.2340	276.6207			L	764.4301	382.7187	747.4036	374.2054	746.4196	373.7134	6
4	732.3239	366.6656	715.2974	358.1523			Y	651.3461	326.1767	634.3195	317.6634	633.3355	317.1714	5
5	861.3665	431.1869	844.3400	422.6736	843.3559	422.1816	E	488.2827	244.6450	471.2562	236.1317	470.2722	235.6397	4
6	974.4506	487.7289	957.4240	479.2157	956.4400	478.7236	I	359.2401	180.1237	342.2136	171.6104			3
7	1045.4877	523.2475	1028.4611	514.7342	1027.4771	514.2422	A	246.1561	123.5817	229.1295	115.0684			2
8							R	175.1190	88.0631	158.0924	79.5498			1

Modified peptide and ESI-MS/MS spectra of the fragmentation pathway of
$_{200}$CASLQKFGER$_{209}$. For clarity, the amino acid numbering used corresponds to the provided in PDB structures as the first 24 amino acids are usually not observed.

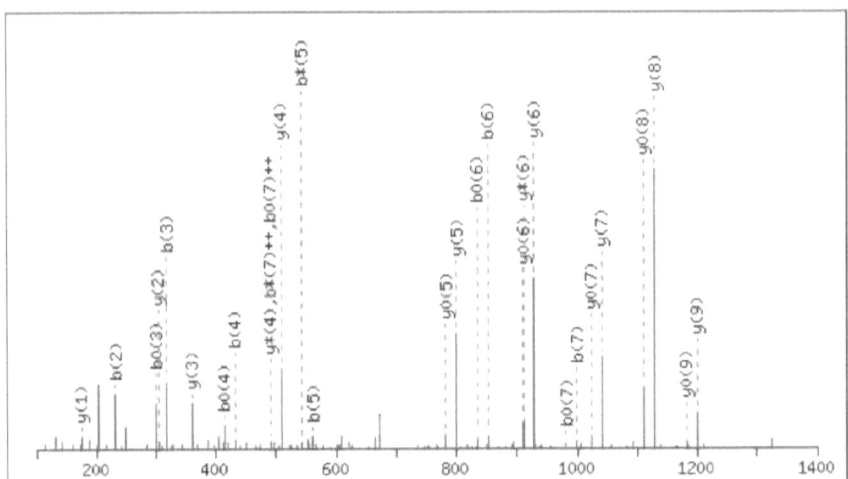

#	b	b⁺⁺	b*	b*⁺⁺	b⁰	b⁰⁺⁺	Seq.	y	y⁺⁺	y*	y*⁺⁺	y⁰	y⁰⁺⁺	#
1	161.0379	81.0226					C							10
2	232.0750	116.5412					A	1199.5691	600.2882	1182.5426	591.7749	1181.5586	591.2829	9
3	319.1071	160.0572			301.0965	151.0519	S	1128.5320	564.7696	1111.5055	556.2564	1110.5215	555.7644	8
4	432.1911	216.5992			414.1806	207.5939	L	1041.5000	521.2536	1024.4734	512.7404	1023.4894	512.2483	7
5	560.2497	280.6285	543.2232	272.1152	542.2391	271.6232	Q	928.4159	464.7116	911.3894	456.1983	910.4054	455.7063	6
6	852.3556	426.6815	835.3291	418.1682	834.3451	417.6762	K	800.3573	400.6823	783.3308	392.1690	782.3468	391.6770	5
7	999.4240	500.2157	982.3975	491.7024	981.4135	491.2104	F	508.2514	254.6293	491.2249	246.1161	490.2409	245.6241	4
8	1056.4455	528.7264	1039.4190	520.2131	1038.4349	519.7211	G	361.1830	181.0951	344.1565	172.5819	343.1724	172.0899	3
9	1185.4881	593.2477	1168.4616	584.7344	1167.4775	584.2424	E	304.1615	152.5844	287.1350	144.0711	286.1510	143.5791	2
10							R	175.1190	88.0631	158.0924	79.5498			1

Modified peptide and ESI-MS/MS spectra of the fragmentation pathway of $_{349}$LAKTYETTLEK$_{359}$. For clarity, the amino acid numbering used corresponds to the pro-vided in PDB structures as the first 24 amino acids are usually not observed.

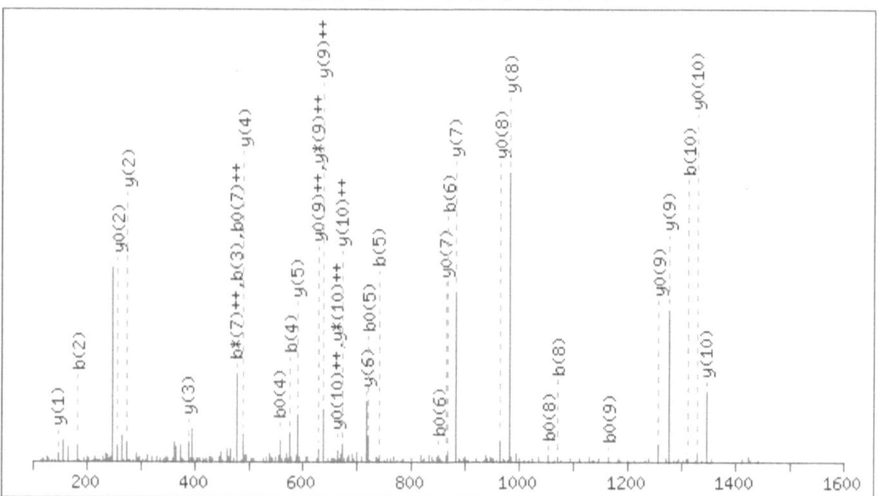

#	b	b^{++}	b*	b*$^{++}$	b^0	b^{0++}	Seq.	y	y^{++}	y*	y*$^{++}$	y^0	y^{0++}	#
1	114.0913	57.5493					L							11
2	185.1285	93.0679					A	1347.6315	674.3194	1330.6049	665.8061	1329.6209	665.3141	10
3	477.2344	239.1208	460.2078	230.6076			K	1276.5943	638.8008	1259.5678	630.2875	1258.5838	629.7955	9
4	578.2821	289.6447	561.2555	281.1314	560.2715	280.6394	T	984.4884	492.7478	967.4619	484.2346	966.4779	483.7426	8
5	741.3454	371.1763	724.3188	362.6631	723.3348	362.1710	Y	883.4407	442.2240	866.4142	433.7107	865.4302	433.2187	7
6	870.3880	435.6976	853.3614	427.1844	852.3774	426.6923	E	720.3774	360.6923	703.3509	352.1791	702.3668	351.6871	6
7	971.4357	486.2215	954.4091	477.7082	953.4251	477.2162	T	591.3348	296.1710	574.3083	287.6578	573.3243	287.1658	5
8	1072.4833	536.7453	1055.4568	528.2320	1054.4728	527.7400	T	490.2871	245.6472	473.2606	237.1339	472.2766	236.6419	4
9	1185.5674	593.2873	1168.5408	584.7741	1167.5568	584.2821	L	389.2395	195.1234	372.2129	186.6101	371.2289	186.1181	3
10	1314.6100	657.8086	1297.5834	649.2954	1296.5994	648.8034	E	276.1554	138.5813	259.1288	130.0681	258.1448	129.5761	2
11							K	147.1128	74.0600	130.0863	65.5468			1

Modified peptide and ESI-MS/MS spectra of the fragmentation pathway of $_{429}$NLGKVGSR$_{436}$. For clarity, the amino acid numbering used corresponds to the provided in PDB structures as the first 24 amino acids are usually not observed.

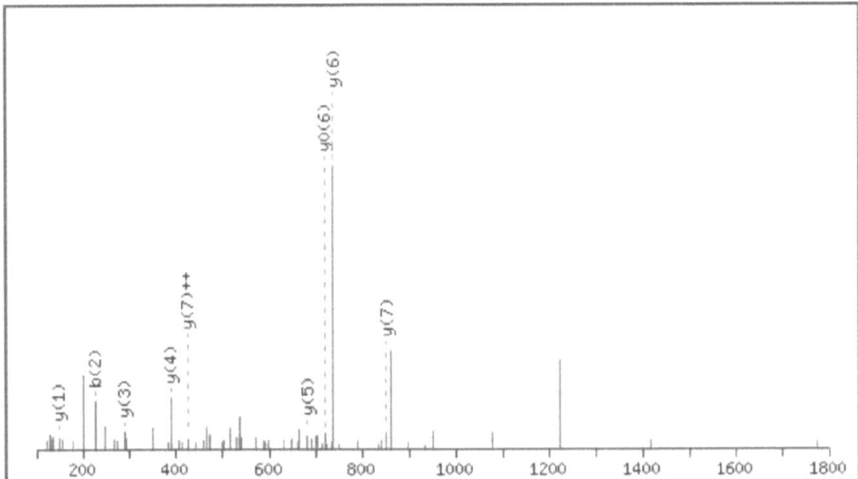

#	b	b^{++}	b*	b*$^{++}$	b^0	b^{0++}	Seq.	y	y^{++}	y*	y*$^{++}$	y^0	y^{0++}	#
1	115.0502	58.0287	98.0237	49.5155			N							8
2	228.1343	114.5708	211.1077	106.0575			L	852.4462	426.7267	835.4196	418.2134	834.4356	417.7214	7
3	285.1557	143.0815	268.1292	134.5682			G	739.3621	370.1847	722.3355	361.6714	721.3515	361.1794	6
4	577.2617	289.1345	560.2351	280.6212			K	682.3406	341.6740	665.3141	333.1607	664.3301	332.6687	5
5	676.3301	338.6687	659.3035	330.1554			V	390.2347	195.6210	373.2082	187.1077	372.2241	186.6157	4
6	733.3515	367.1794	716.3250	358.6661			G	291.1663	146.0868	274.1397	137.5735	273.1557	137.0815	3
7	820.3836	410.6954	803.3570	402.1821	802.3730	401.6901	S	234.1448	117.5761	217.1183	109.0628	216.1343	108.5708	2
8							K	147.1128	74.0600	130.0863	65.5468			1

Modified peptide and ESI-MS/MS spectra of the fragmentation pathway of $_{525}$KQTALVELVK$_{534}$. For clarity, the amino acid numbering used corresponds to the provided in PDB structures as the first 24 amino acids are usually not observed.

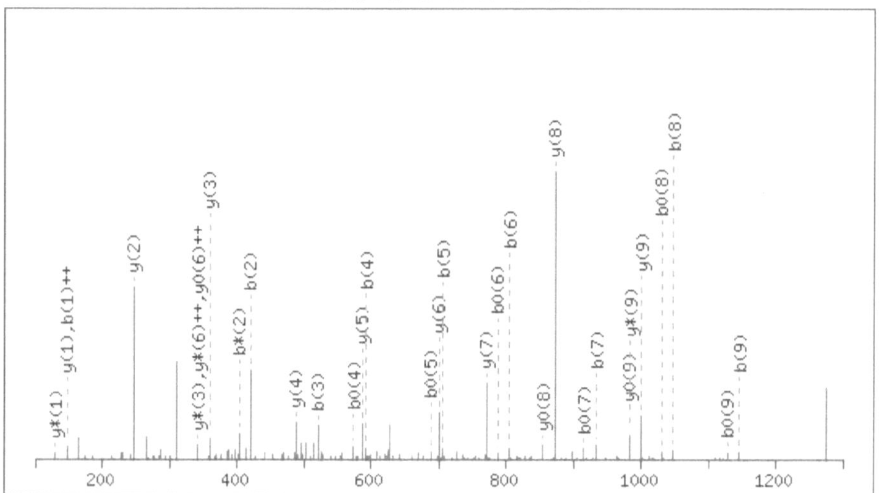

#	b	b⁺⁺	b*	b*⁺⁺	b⁰	b⁰⁺⁺	Seq.	y	y⁺⁺	y*	y*⁺⁺	y⁰	y⁰⁺⁺	#
1	293.1132	147.0602	276.0866	138.5470			K							10
2	421.1718	211.0895	404.1452	202.5763			Q	1000.6037	500.8055	983.5772	492.2922	982.5932	491.8002	9
3	522.2195	261.6134	505.1929	253.1001	504.2089	252.6081	T	872.5451	436.7762	855.5186	428.2629	854.5346	427.7709	8
4	593.2566	297.1319	576.2300	288.6186	575.2460	288.1266	A	771.4975	386.2524	754.4709	377.7391	753.4869	377.2471	7
5	706.3406	353.6740	689.3141	345.1607	688.3301	344.6687	L	700.4604	350.7338	683.4338	342.2205	682.4498	341.7285	6
6	805.4090	403.2082	788.3825	394.6949	787.3985	394.2029	V	587.3763	294.1918	570.3497	285.6785	569.3657	285.1865	5
7	934.4516	467.7295	917.4251	459.2162	916.4411	458.7242	E	488.3079	244.6576	471.2813	236.1443	470.2973	235.6523	4
8	1047.5357	524.2715	1030.5092	515.7582	1029.5251	515.2662	L	359.2653	180.1363	342.2387	171.6230			3
9	1146.6041	573.8057	1129.5776	565.2924	1128.5936	564.8004	V	246.1812	123.5942	229.1547	115.0810			2
10							K	147.1128	74.0600	130.0863	65.5468			1

Modified peptide and ESI-MS/MS spectra of the fragmentation pathway of $_{539}$ATKEQLK$_{545}$. For clarity, the amino acid numbering used corresponds to the provided in PDB structures as the first 24 amino acids are usually not observed.

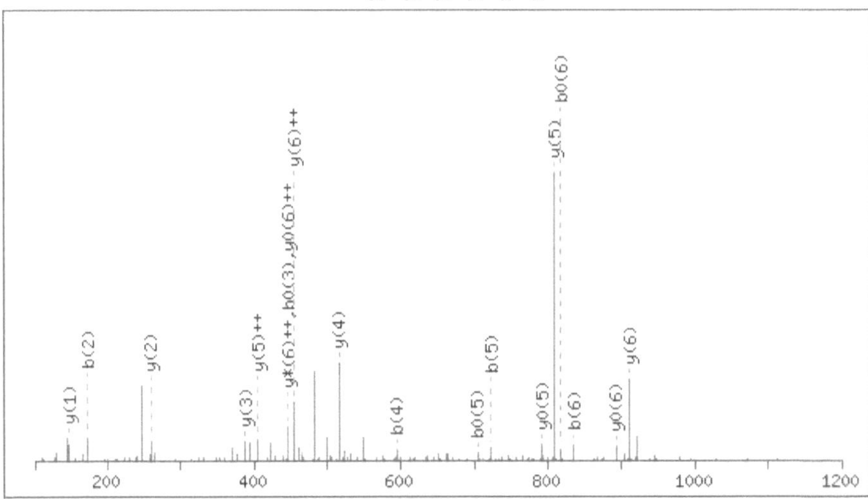

#	b	b^{++}	b*	b^{*++}	b^0	b^{0++}	Seq.	y	y^{++}	y*	y^{*++}	y^0	y^{0++}	#
1	72.0444	36.5258					A							7
2	173.0921	87.0497			155.0815	78.0444	T	910.4516	455.7295	893.4251	447.2162	892.4411	446.7242	6
3	465.1980	233.1026	448.1714	224.5894	447.1874	224.0974	K	809.4040	405.2056	792.3774	396.6923	791.3934	396.2003	5
4	594.2406	297.6239	577.2140	289.1107	576.2300	288.6186	E	517.2980	259.1527	500.2715	250.6394	499.2875	250.1474	4
5	722.2992	361.6532	705.2726	353.1399	704.2886	352.6479	Q	388.2554	194.6314	371.2289	186.1181			3
6	835.3832	418.1953	818.3567	409.6820	817.3727	409.1900	L	260.1969	130.6021	243.1703	122.0888			2
7							K	147.1128	74.0600	130.0863	65.5468			1

146

Modified peptide and ESI-MS/MS spectra of the fragmentation pathway of
$_{542}$EQLKAVMDDFAAFVEK$_{557}$. For clarity, the amino acid numbering used corresponds to
the provided in PDB structures as the first 24 amino acids are usually not observed.

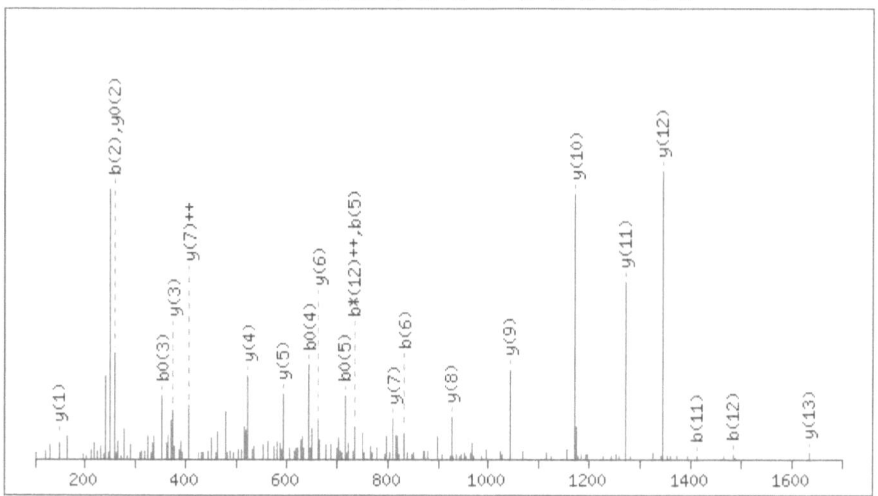

#	b	b^{++}	b*	b*$^{++}$	b^0	b^{0++}	Seq.	y	y^{++}	y*	y*$^{++}$	y^0	y^{0++}	#
1	130.0499	65.5286			112.0393	56.5233	E							16
2	258.1084	129.5579	241.0819	121.0446	240.0979	120.5526	Q	1875.8833	938.4453	1858.8568	929.9320	1857.8728	929.4400	15
3	371.1925	186.0999	354.1660	177.5866	353.1819	177.0946	L	1747.8248	874.4160	1730.7982	865.9027	1729.8142	865.4107	14
4	663.2984	332.1529	646.2719	323.6396	645.2879	323.1476	K	1634.7407	817.8740	1617.7141	809.3607	1616.7301	808.8687	13
5	734.3355	367.6714	717.3090	359.1581	716.3250	358.6661	A	1342.6348	671.8210	1325.6082	663.3077	1324.6242	662.8157	12
6	833.4040	417.2056	816.3774	408.6923	815.3934	408.2003	V	1271.5977	636.3025	1254.5711	627.7892	1253.5871	627.2972	11
7	964.4444	482.7259	947.4179	474.2126	946.4339	473.7206	M	1172.5292	586.7683	1155.5027	578.2550	1154.5187	577.7630	10
8	1079.4714	540.2393	1062.4448	531.7261	1061.4608	531.2341	D	1041.4888	521.2480	1024.4622	512.7347	1023.4782	512.2427	9
9	1194.4983	597.7528	1177.4718	589.2395	1176.4878	588.7475	D	926.4618	463.7345	909.4353	455.2213	908.4512	454.7293	8
10	1341.5667	671.2870	1324.5402	662.7737	1323.5562	662.2817	F	811.4349	406.2211	794.4083	397.7078	793.4243	397.2158	7
11	1412.6039	706.8056	1395.5773	698.2923	1394.5933	697.8003	A	664.3665	332.6869	647.3399	324.1736	646.3559	323.6816	6
12	1483.6410	742.3241	1466.6144	733.8109	1465.6304	733.3188	A	593.3293	297.1683	576.3028	288.6550	575.3188	288.1630	5
13	1630.7094	815.8583	1613.6828	807.3451	1612.6988	806.8530	F	522.2922	261.6498	505.2657	253.1365	504.2817	252.6445	4
14	1729.7778	865.3925	1712.7513	856.8793	1711.7672	856.3873	V	375.2238	188.1155	358.1973	179.6023	357.2132	179.1103	3
15	1858.8204	929.9138	1841.7938	921.4006	1840.8098	920.9086	E	276.1554	138.5813	259.1288	130.0681	258.1448	129.5761	2
16							K	147.1128	74.0600	130.0863	65.5468			1

4.6. References

1. (a) Epstein, J. H. (**1983**). Phototoxicity and photoallergy in man. *J. Am. Acad. Dermatol. 8*, 141–147; (b) Stein, K. R., and Scheinfeld, N. S. (**2007**). Drug-induced photoallergic and phototoxic reactions. *Expert Opin. Drug Saf. 6*, 431–443; (c) On-oue, S., Seto, Y., Gandy, G., Yamada, S. (**2009**). Drug-induced Phototoxicity; an early in vitro identification of phototoxic potential of new drug entities in drug Discovery and development. *Curr. Drug Saf. 4*, 123–136.

2. (a) Moore, D. E. (**2002**). Drug-induced cutaneous photosensitivity: incidence, mechanism, prevention and management. *Drug Saf. 25*, 345–372; (b) Moore, D. E. (**1998**). Mechanisms of photosensitization by phototoxic drugs. *Mutat. Res. 422*, 165–173; (c) Epstein, J. H., and Wintroub, B. U. (**1985**). Photosensitivity due to drugs. *Drugs, 30*, 42–57; (d) Sauvaigo, S., Douki, T., Odin, F., Caillat, S., Ravanat, J. L., and Cadet, J. (**2001**). Analysis of fluoroquinolone-mediated photosensitization of 2'-deoxyguanosine, calf thymus and cellular DNA: determination of Type-I, Type-II and triplet-triplet energy transfer mechanism contribution. *Photochem. Photobiol. 73*, 230–237; (e) Reavy, H. J., Traynor, N. J., and Gibbs, N. K. (**1997**). Photogenotoxicity of skin phototumorigenic fluoroquinolone antibiotics detected using the comet assay. *Photochem. Photobiol. 66*, 368–373; (f) Cuquerella, M. C., Lhiaubet-Vallet, V., Cadet, J., and Miranda, M. A. (**2012**). Benzophenone photosensitized DNA damage. *Acc. Chem. Res. 45*, 1558–1570.

3. (a) Onoue, S., Setoa, Y., Sato, H., Nishida, H., Hirota, M., Ashikaga, T., Api, A. M., Basketter, D., and Tokura, Y. (**2017**). Chemical photoallergy: photobiochemical mechanisms, classification, and risk assessments. *J. Dermatol. Sci. 85*, 4–11; (b) Ariza, A., Montañez, M. I., and Pérez-Sala, D. (**2011**). Proteomics in immunological reactions to drugs. *Curr. Opin. Allergy Clin. Immunol. 11*, 305–312.

4. Tokura, Y. (**2009**). Photoallergy. *Expert Rev. Dermatol. 4*, 263–270.

5. (a) Dubakiene, R., and Kupriene, M. (**2006**). Scientific problems of photosensitivity. *Medicina (Kaunas) 42*, 619–624; (b) Deleo, V. A. (**2004**). Photocontact dermatitis. *Dermatol. Ther. 17*, 279–288; (c) Girotti, A. W. (**2001**). Photosensitized oxidation of membrane lipids: reaction pathways, cytotoxic effects, and cytoprotective mechanisms. *J. Photochem. Photobiol. B 63*, 103–113; (d) Schothorst, A. A., van Steveninck, J., Went, L. N., and Suurmond, D. (**1972**). Photodynamic damage of the erythrocyte membrane caused by protoporphyria and in normal red blood cells. *Clin. Chim. Acta 39*, 161–170.

6. (a) Honari, G. (**2014**). Photoallergy. *Rev. Environ. Health 29*, 233–242; (b) Onoue, S., Suzuki, G., Kato, M., Hirota, M., Nishida, H., Kitagaki, M., Kouzuki, H., and Yamada, S. (**2013**). Non-animal photosafety assessment approaches for cosmetics based on the photochemical and photobiochemical properties. *Toxicol. In Vitro 27*, 2316–2324; (c) Scheuer, E., and Warshaw, E. (**2006**). Sunscreen allergy: a review of epidemiology, clinical characteristics, and responsible allergens. *Dermatitis 17*, 3–11.

7. (a) Onoue, S., Ohtake, H., Suzuki, G., Seto, Y., Nishida, H., Hirota, M., Ashikaga, T., and Kouzuki, H. (**2016**). Comparative study on prediction performance of photosafety testing tools on photoallergens. *Toxicol. In Vitro 33*, 147–152; (b) Scheinfeld, N. S., Chernoff, K., Derek Ho, M. K., and Liu, Y. C. (**2014**). Drug-induced photoallergic and phototoxic reactions – an update. *Expert Opin. Drug Saf. 13*, 321–340; (c) Bylaite, M., Grigaitiene, J., and Lapinskaite, G. S. (**2009**). Photodermatoses: classification, evaluation and management. *Br. J. Dermatol. 161 (Suppl. 3)*, 61–68; (d) Kerstein, R. L., Lister, T., and Cole, R. (**2014**). Laser therapy and photosensitive medication: a review of the evidence. *Lasers Med. Sci. 29*, 1449–1452; (e) Elkeeb, D., Elkeeb, L., and Maibach, H. (**2012**). Photosensitivy: a current biological overview. *Cutan. Ocul. Toxicol. 31*, 263–272; (f) Lugovic, L., Situm, M., Ozanic-Bulic, S., and Sjerobabski-Masnec, I. (**2007**). Phototoxic and photoallergic skin reactions. *Coll. Antropol. 31 (Suppl. 1)*, 63–67; (g) Santoro, F. A., and Lim, H. W. (**2011**). Update on photodermatoses. *Semin. Cutan. Med. Surg. 30*, 229–238.

8. Messa, G. L., Franchi, M., Auteri, A., and Di Perri, T. (**1993**). Action of 2-acetoxy-trifluoromethylbenzoic acid (Triflusal) on platelet function after repeated oral administration in man: a pharmacological clinical study. *Int. J. Clin. Pharmacol. Res. 13*, 263–273.

9. Plaza, L., Lopez-Bescos, L., Martin-Jadraque, L., Alegria, E., Cruz-Fernandez, J. M., Velasco, J., Ruiperez, J. A., Malpartida, F., Artal, A., Cabades, A., and Zurita, A. F. (**1993**). Protective effect of triflusal against acute myocardial infarction in patients

with unstable angina: results of a Spanish multicentre trial. Grupo de studio del triflusal en la agina inestable. *Cardiology 82*, 388–398.

10. McNeely, W., and Goa, K. L. (**1998**). Triflusal. *Drugs 55*, 823–833.

11. Gonzalez-Correa, J. A., and De La Cruz, J. P. (**2006**). Triflusal: an antiplaletet drug with neuroprotective effect? *Cardiovasc. Drug Rev. 24*, 11–24.

12. Lee, A. Y., Yoo, S. H., and Lee, K. H. (**1999**). A case of photoallergic drug eruption caused by triflusal. *Photodermatol. Photoimmunol. Photomed. 15*, 85–86.

13. Nagore, E., Perez-Ferriols, A., Sanchez-Motilla, J. M., Serrano, G., and Aliaga, A. (**2000**). Photosensitivy associated with treatment with triflusal. *J. Eur. Acad. Dermatol. Venerol. 14*, 219–221.

14. Serrano, G., Aliaga, A., and Planells, I. (**1987**). Photosensitivity associated with triflusal (Disgren). *Photodermatology 4*, 103–105.

15. Lee, A. Y., Joo, H. J., Chey, W. Y., and Kim, Y. G. (**2001**). Photopatch testing in seven cases of photosensitive drug eruptions. *Ann. Pharmacother. 35*, 1584–1587.

16. Boscá, F., Cuquerella, M. C., Marín, M. L., and Miranda, M. A. (**2001**). Photochemistry of 2-hydroxy-4-trifluoromethylbenzoic acid, major metabolite of the photosensitizing plaletet antiaggregant drug triflusal. *Photochem. Photobiol. 73*, 463–468.

17. Montanaro, S., Lhiaubet-Vallet, V., Jimenez, M. C., Blanca, M., and Miranda, M. A. (**2009**). Photonucleophilic addition of the ε-amino group of lysine to a triflusal metabolite as a mechanistic key to photoallergy mediated by the parent drug. *ChemMedChem. 4*, 1196–1202.

18. Nuin, E., Pérez-Sala, D., Lhiaubet-Vallet, V., Andreu, I., and Miranda, M. A. (**2016**). Photosensitivity to triflusal: formation of a photoadduct with ubiquitin demonstrated by photophysical and proteomic techniques. *Front. Pharmacol. 7*, 277.

19. (a) Fasano, M., Curry, S., Terreno, E., Galliano, M., Fanali, G., Narciso, P., Notari, S., and Ascenzi, P. (**2005**). The extraordinary ligand binding properties of human serum albumin. *IUBMB Life 57*, 787–796; (b) Ghuman, J., Zunszain, P. A., Petitpas, I., Bhattacharya, A. A., Otagiri, M., and Curry, S. (**2005**). Structural basis of the drug-binding specifity of human serum albumin. *J. Mol. Biol. 353*, 38–52. (c) Peters, T. All About Albumin; Biochemistry, Genetics and Medical Applications; *Academic Press: New York*, **1995**.

20. Mis R., Ramis, J., Conte, L. and Forn, J. (**1992**). Binding of a metabolite of triflusal (2-hydroxy-4-trifluoromethylbenzoic acid) to serum proteins in rat and man. *Eur. J. Clin. Pharmacol. 42*, 175–179.

21. Pérez-Ruiz, R., Molins-Molina, O., Lence, E., González-Bello, C., Miranda, M. A., and Jiménez, M. C. (**2018**). Photogeneration of quinone methides as latent electrophiles for lysine targeting. *J. Org. Chem. 83*, 13019–13029.

22. (a) Gerig, J. T., and Reinheimer, J. D. (**1975**). Modification of HSA with trifluoromethyl-substituted Aryl Halides and Sulfonates. *J. Am. Chem. Soc. 97*, 168–173. (b) Gerig, J. T., Katz, K. E., and Reinheimer, J. D. (**1978**). Reactions of 2,6-dinitro-4-trifluoromethylbenzenesulfonate with HSA. *Biochim. Biophys. Acta 534*, 196–209.

23. Gerig, J. T., Katz, K. E., Reinheimer, J. D., Sullivan, G. R., and Roberts, J. D. (**1981**). Examination of the aspirin acetylation site of human serum albumin by carbon-13 NMR spectroscopy. *Org. Magn. Reson.15*, 158–161.

24. Phuangsawai, O., Hannongbua, S., and Gleeson, M. P. (**2014**). Elucidating the origin of the esterase activity of human serum albumin using QM/MM calculations. *J. Phys. Chem. B 118*, 11886–11894.

25. Díaz, N., Suárez, D., Sordo, T. L., and Merz, K. M. (**2001**). Molecular Dynamics Study of the IIA Binding Site in Human Serum Albumin: Influence of the Protonation State of Lys195 and Lys199. *J. Med. Chem. 44*, 250–260.

26. The Cambridge Crystallographic Data Centre, http://www.ccdc.cam.ac.uk/solutions/csd-discovery/components/gold/ (accessed March 1, 2019).

27. Ghuman, J., Zunszain, P. A., Petitpas, I., Bhattacharya, A. A., Otagiri, M., and Curry, S. (**2005**). Structural Basis of The Drug-Binding Specificity of Human Serum Albumin. *J. Mol. Biol. 353*, 38–52.

28. Case, D. A., Cheatham, T. E., Darden, T., Gohlke, H., Luo, R., Merz, K. M., Onufriev, O., Simmerling, C., Wang, B., and Woods, R. J. (**2005**). The Amber Biomolecular Simulation Programs. *J. Comput. Chem. 26*, 1668–1688.

29. Frisch, M. J., Trucks, G. W., Schlegel, H. B., Scuseria, G. E., Robb, M. A., Cheeseman, J. R., Scalmani, G., Barone, V., Mennucci, B., Petersson, G. A., Nakatsuji, H., Caricato, M., Li, X., Hratchian, H. P., Izmaylov, A. F., Bloino, J., Zheng,

G., Sonnenberg, J. L., Hada, M., Ehara, M., Toyota, K., Fukuda, R., Hasegawa, J., Ishida, M., Nakajima, T., Honda, Y., Kitao, O., Nakai, H., Vreven, T., Montgomery, Jr. J. A., Peralta, J. E., Ogliaro, F., Bearpark, M., Heyd, J. J., Brothers, E., Kudin, K. N., Staroverov, V. N., Kobayashi, R., Normand, J., Raghavachari, K., Rendell, A., Burant, J. C., Iyengar, S. S., Tomasi, J., Cossi, M., Rega, N., Millam, J. M., Klene, M., Knox, J. E., Cross, J. B., Bakken, V., Adamo, C., Jaramillo, J., Gomperts, R., Stratmann, R. E., Yazyev, O., Austin, A. J., Cammi, R., Pomelli, C., Ochterski, J. W., Martin, R. L., Morokuma, K., Zakrzewski, V. G., Voth, G. A., Salvador, P., Dannenberg, J. J., Dapprich, S., Daniels, A. D., Farkas, Ö., Foresman, J. B., Ortiz, J. V., Cioslowski, J., and Fox, D. J. Revision D.01, Gaussian, Inc., Wallingford CT, (**2009**).

30. (a) Vanquelef, E., Simon, S., Marquant, G., Garcia, E., Klimerak, G., Delepine, J. C., Cieplak, P., and Dupradeau, F.-Y. (**2011**). R.E.D. Server: A Web Service for Deriving RESP and ESP Charges and Building Force Field Libraries for New Molecules and Molecular Fragment. *Nucleic Acids Res. 39*, W511–W517. (b) http://upjv.q4md-forcefieldtools.org/RED/ (accessed March 1, 2019). (c) Dupradeau, F.-Y., Pigache, A., Zaffran, T., Savineau, C., Lelong, R., Grivel, N., Lelong, D., Rosanski, W., and Cieplak, P. (**2010**). The R.E.D. Tools: Advances in RESP and ESP Charge Derivation and Force Field Library Building. *Phys. Chem. Chem. Phys. 12*, 7821–7839.

31. Cornell, W. D., Cieplak, P., Bayly, C. I., Gould, I. R., Merz, K. M., Ferguson, D. M., Spellmeyer, D. C., Fox, T., Caldwell, J. W., and Kollman, P. A. (**1995**). A Second

Generation Force Field for the Simulation of Proteins, Nucleic Acids, and Organic Molecules. *J. Am. Chem. Soc. 117*, 5179–5197.

32. (a) Wang, J., Wolf, R. M., Caldwell, J. W., Kollman, P. A., and Case, D. A. (**2004**). Development and Testing of a General Amber Force Field. *J. Comp. Chem. 25*, 1157–1174. (b) Wang, J., Wang, W., Kollman, P. A., and Case, D. A. (**2006**). Automatic Atom Type and Bond Type Perception in Molecular Mechanical Calculations. *J. Mol. Graphics Model. 25*, 247–260.

33. (a) Gordon, J. C., Myers, J. B., Folta, T., Shoja, V., Heath, L. S., and Onufriev, A. (**2005**). H++: A Server for Estimating pKas and Adding Missing Hydrogens to Macromolecules. Nucleic Acids Res. 33 (Web Server issue):W368. (b) http://biophysics.cs.vt.edu/H++.

34. Maier, J. A., Martinez, C., Kasavajhala, K., Wickstrom, L., Hauser, K. E., and Simmerling, C. (**2015**). Ff14sb: Improving the Accuracy of Protein Side Chain and Backbone Parameters from Ff99sb. *J. Chem. Theory Comput. 11*, 3696–3713.

35. Goetz, A. W., Williamson, M. J., Xu, D., Poole, D., Le Grand, S., and Walker, R. C. (**2012**). Routine Microsecond Molecular Dynamics Simulations with AMBER on GPUs. 1. Generalized Born. *J. Chem. Theory Comput. 8*, 1542–1555.

36. Salomon-Ferrer, R., Goetz, A. W., Poole, D., Le Grand, S., and Walker, R. C. (**2013**). Routine Microsecond Molecular Dynamics Simulations with AMBER on GPUs. 2. Explicit Solvent Particle Mesh Ewald. *J. Chem. Theory Comput. 9*, 3878–3888.

37. Le Grand, S., Goetz, A. W., and Walker, R. C. (**2013**). SPFP: Speed Without Compromise–A Mixed Precision Model For GPU Accelerated Molecular Dynamics Simulations. *Comp. Phys. Comm. 184*, 374–380.

38. Darden, T. A., York, D., and Pedersen, L. (**1993**). G. Particle Mesh Ewald: An Nlog(N) Method For Ewald Sums In Large Systems. *J. Chem. Phys. 98*, 10089–10092.

39. Ryckaert, J.-P., Ciccotti, G., and Berendsen, H. J. C. (**1977**). Numerical Integration of the Cartesian Equations of Motion of a System with Constraints: Molecular Dynamics of *n*-Alkanes. *J. Comput. Phys. 23*, 327–341.

40. DeLano, W. L. The PyMOL Molecular Graphics System. (**2008**) DeLano Scientific LLC, Palo Alto, CA, USA. http://www.pymol.org/

41. Roe, D. R., and Cheatham, T. E. (**2013**). PTRAJ and CPPTRAJ: Software for Processing and Analysis of Molecular Dynamics Trajectory Data. *J. Chem. Theory Comput. 9*, 3084–3095.

Capítulo 5

Photogeneration of Quinone-Methides as Latent Electrophiles for Lysine-Targeting

5.1. Introduction

Small organic molecules can undergo bioactivation *in vivo,* which affords electrophilic species able to react with biomacromolecules, leading to covalent adducts that trigger undesired toxic effects. This was already described in the 30's for the metabolites of polycyclic aromatic hydrocarbons, which were found to be highly reactive intermediates able to attach to liver proteins.[1] During the 70s, the covalent binding theory of xenobiotic-induced liver and lung toxicity emerged, as well as the idea that drug-protein adducts are potential haptens able to elicit immune-mediated adverse events. Such irreversible binding was viewed as a risk factor in drug development, either by the direct tissue damage or by the immune responses after protein haptenation. However, the last decade has witnessed the renaissance of targeted covalent inhibition in drug discovery,[2] for example in the successful treatment of cancer by covalent epidermal growth factor receptor (EGFR) inhibitors.[3] The enormous advantages of irreversible drugs are associated with their high potency, low dosage, extended duration of action, selectivity and general applicability.[4] These features, together with an improved understanding of their potential risks, have resulted in a remarkable increase of the number of clinical trials, drug approvals and scientific articles in the area.[4]

In this context, binding and reactivity are the two key steps involved in "protein silencing". The former consists in the reversible association between an inhibitor (a high-affinity ligand) and its biological target, whereas the latter is the reaction between both partners to form a covalent adduct. Inhibitors of this type usually contain an electrophilic functional group that reacts with a close nucleophile on the target. Their design is highly challenging because it requires an appropriate combination of affinity, reactivity and selectivity, to avoid off-target effects. Hence, electrophiles that are unreactive unless activated upon protein binding (latent electrophiles, LEs) are of particular interest in drug development. This constitutes an attractive research field, as only few selective and safe LEs have been reported.[5]

Strategically, targeted covalent inhibition requires the catalytic action of a protein to convert a ligand into the corresponding LE within the active site (Scheme 5.1, pathway A). Although this is now considered as a validated tool for drug discovery, alternative strategies for addressing this issue would be desirable. One interesting possibility could be the utilization of light as an external factor to achieve direct formation of LEs from the bound ligand, without the need for any catalytic process mediated by the protein (Scheme 5.1, pathway B).

To inactivate proteins through formation of irreversible adducts, alkylations or Michael additions are among the most frequently employed reactions.[4c,d] Specifically, quinone methides (QMs) are good Michael acceptors that can react with the amino acid residues of proteins (commonly Cys) and other QM intermediates have been found to modify proteins;[6] in this context QM have been applied as suitable LEs for the inhibition of mammalian serine proteases and bacterial serine β-lactamases.[7] However, the photogeneration of QMs[8] within proteins has been rarely reported, despite the possibility of exciting selectively their precursors under mild conditions.[9]

Trifluoromethyl substituted aromatic moieties are present in a number of agrochemicals,[10] polymers[11] and pharmaceuticals.[12] In general, incorporation of a trifluoromethyl substituent enhances the lipophilicity of active compounds and results in a better incorporation into target cells. In comparison with other halogen-containing compounds, trifluoromethyl derivatives are less reactive[13,14] and reluctant to biological degradation[15]. However, a number of trifluoromethyl aromatics can be converted into carboxylic acid derivatives in the presence of nucleophiles upon photochemical activation.[16] In this regard, the photohydrolysis of trifluoromethyl-substituted phenols and naphthols has been previously reported to occur through formation of QM intermediates.[17]

With this background, we decided to explore the feasibility of the targeted covalent inhibition concept through photochemical generation of LEs and subsequent reaction with targeted protein nucleophiles. Compared to cysteine residues,[18] targeting nucleophilic lysine residues of the binding-sites appears more challenging and has been less exploited.[19] In this context, identification of adducts between 2-hydroxy-4-trifluoromethylbenzoic acid and the ε-amino groups of the lysine residues of ubiquitin under sunlight exposure has been recently demonstrated by photophysical and proteomic analysis.[20]

Scheme 5.1. Targeted Irreversible Inhibition Approaches

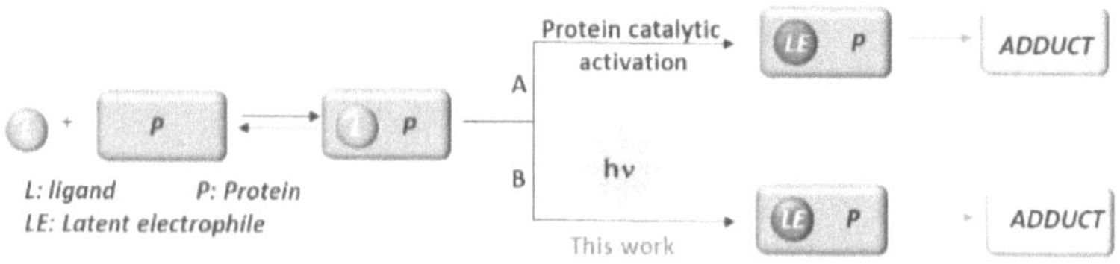

To check whether photogenerated QMs can be appropriate LEs for lysine-targeting, we selected 4-trifluoromethyl-1-naphthol (**1**) and 4-(4-trifluorometylphenyl)phenol (**2**) (Chart 5.1) as model compounds. The naphthalene and biphenyl chromophores should be advantageous for spectroscopic measurements. As regards the model protein, human serum albumin (HSA) was chosen taking into account its availability and dark binding capability.[21] The obtained results clearly show that formation of ground-state complexes between ligands and HSA leads ultimately to stable adducts between photogenerated LEs and lysine residues localized in the binding pockets of HSA.

Chart 5.1. Chemical structures of **1** and **2**

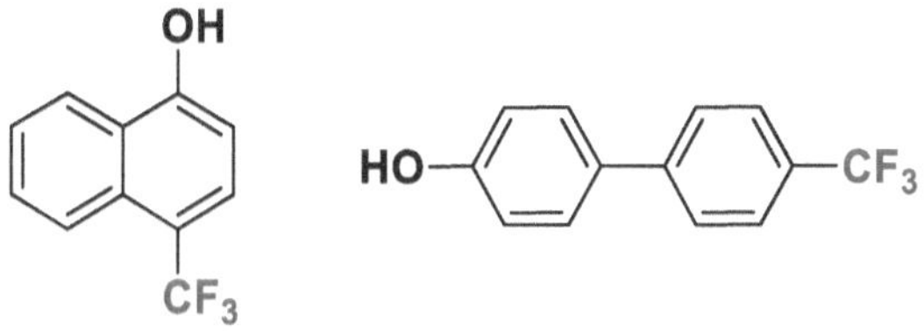

5.2. Results and Discussion

The methodological approach to achieve the proposed objective involved i) characteriza-tion of the excited states of **1** and **2** in solution, both as the free compounds and in the presence of proteins, ii) proteomic studies of **1** and **2** irradiated in the presence of HSA, to detect covalent photobinding to amino acid residues and iii) theoretical calculations, to understand the binding modes and the formation of adducts. The obtained results are presented below in separated sections.

5.2.1. Photophysical detection of a complex between trifluoromethylphenols 1 and 2 and HSA

First, the absorption and emission properties of **1** were determined in acetonitrile and in aqueous media, under neutral and alkaline conditions (pH = 7.4 or pH=12), to ensure predominance of the phenol or the phenolate anion in the ground state. A summary of the obtained results is presented in Table 5.1. It was found that the free phenol absorbs at *ca.* 300 nm and emits at *ca.* 340 nm, whereas the corresponding bands of the phenolate displayed maxima at *ca.* 340 and 450 nm, respectively.

In the case of **2**, the free phenol showed absorption and emission peaking at 270-275 nm and 350-365 nm, respectively. The corresponding bands of the phenolate were found at 305 and 430 nm. Some representative spectra of **1** and **2** under different conditions are shown in Figures 5.1-5.3.

Table 5.1. Photophysical properties of **1** and **2**

Compound	Medium	$(\lambda_{max})_{abs}$/nm	$(\lambda_{max})_{em}$/nm
1	MeCN	295	342
	pH = 7.4	301	446
	pH = 12	343	447
	HSA	327,373	420
2	MeCN	275	348
	pH = 7.4	270	364
	pH = 12	306	430
	HSA	315	415

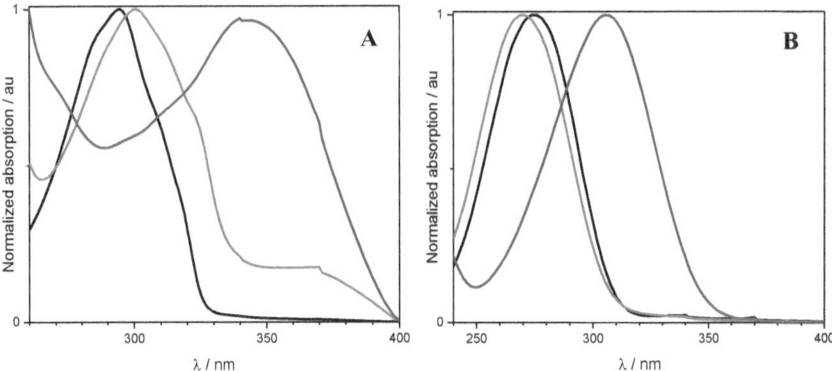

Figure 5.1. Normalized absorption spectra of **1** (A) and **2** (B) at 0.05 mM in MeCN (●) and aqueous solutions at pH= 7.4 (●) and pH = 12 (●).

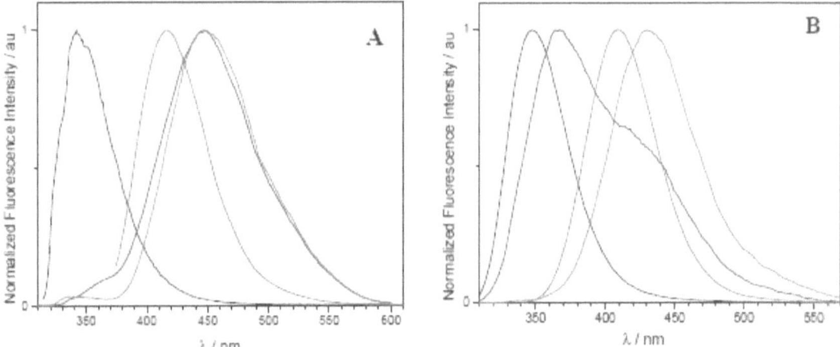

Figure 5.2. Normalized emission spectra: A: **1** ([**1**] = 0.05 mM, λexc = 300 nm, MeCN) in black; aqueous solutions at pH = 7.4 pH = 12 and **1@2HSA** ([**1**] = 0.1 mM, λexc 355 nm, PBS) in blue, magenta and green, respectively. B: **2** ([**2**] = 0.05 mM, λ_{exc} = 300 nm, MeCN) in black; aqueous solutions at pH= 7.4 pH = 12 and **2@2HSA** ([**2**] = 0.1 mM, λ_{exc} 325 nm, PBS) in blue, magenta and green, respectively.

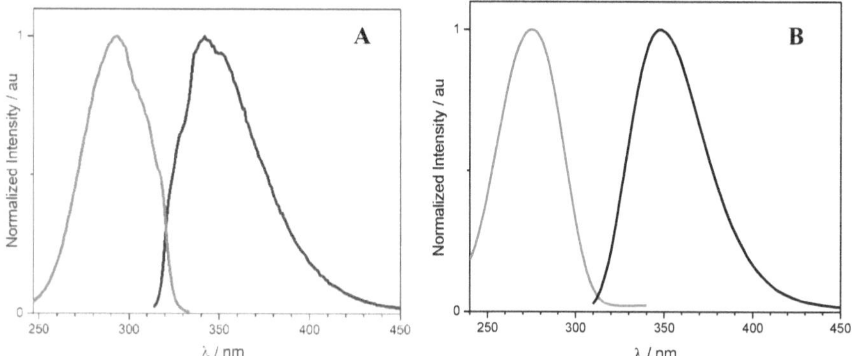

Figure 5.3. Normalized emission (black) and excitation (red) spectra of **1** (A) and **2** (B) in MeCN.

When the absorption spectrum of **1** was recorded in PBS, in the presence of HSA, a new band emerged above 320 nm, which increased with increasing concentrations of protein. A similar trend was observed for **2** in the presence of HSA, although the new band was more intense compared to that of **1** (Figures 5.4A,B). In both cases, the new bands were attributed to a ground-state complex with HSA. Selective excitation of the complexes led to new emission bands centered at $\lambda = 420$ nm (**1**) or $\lambda = 415$ nm (**2**), which again increased with increasing concentrations of protein (Figure 5.4C,D) and were different from those previously ascribed to the corresponding phenol or phenolate (Figure 5.5A,B); they were attributed to emission from the above mentioned HSA complexes.

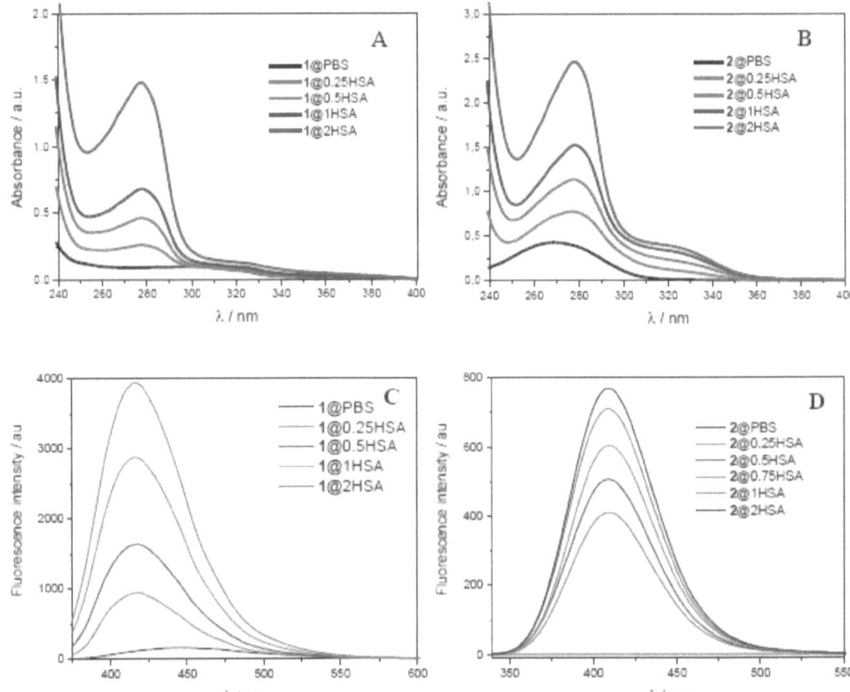

Figure 5.4. Absorption and emission spectra of **1** and **2** in PBS in the presence of different amounts of HSA. A: Absorption spectra of **1** (0.05 mM). B: Absorption spectra of **2** (0.05 mM). C: Emission spectra of **1** (λ_{exc} = 355 nm, 0.1 mM, PBS, air); D: Emission spectra of **2** (λ_{exc} = 325 nm, 0.1 mM, PBS, air).

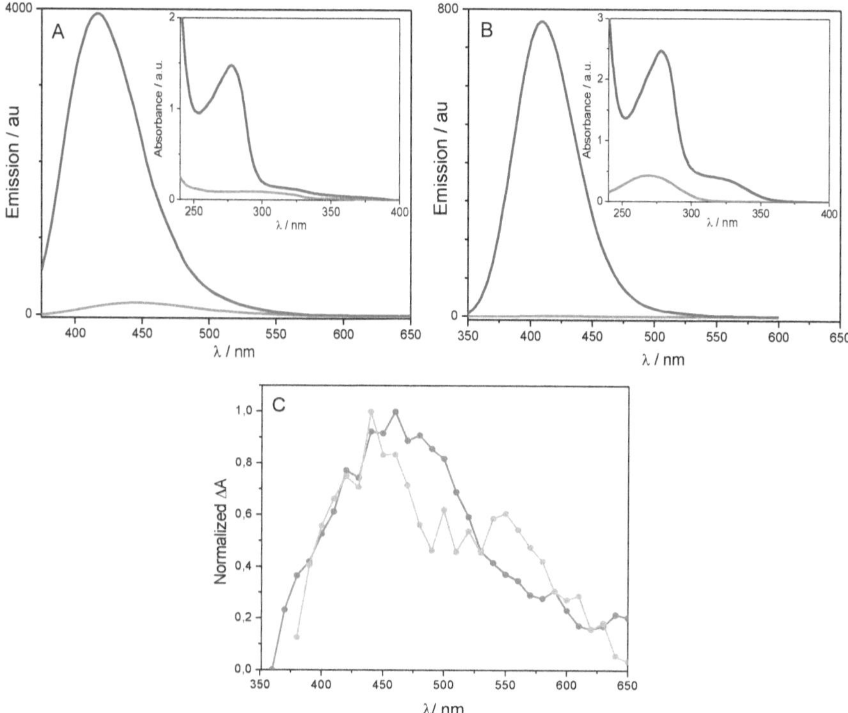

Figure 5.5. Emission (large) and absorption (inset) spectra, recorded in PBS (red) and in the presence of 2 equivalents of HSA (blue) for **1** (A) and **2** (B), respectively; λ_{exc} was 355 nm for **1** and 324 nm for **2**. (C): Normalized transient absorption spectra obtained for **1** (orange) and **2** (black) in PBS in the presence of 5 equivalents of HSA, upon laser excitation at 355 nm. In all measurements, **[1]** = 0.05 mM, **[2]** = 0.05 mM.

Control experiments, consisting on excitation of HSA alone, indicated the absence of emission arising from the protein under the experimental conditions (Figure 5.6).

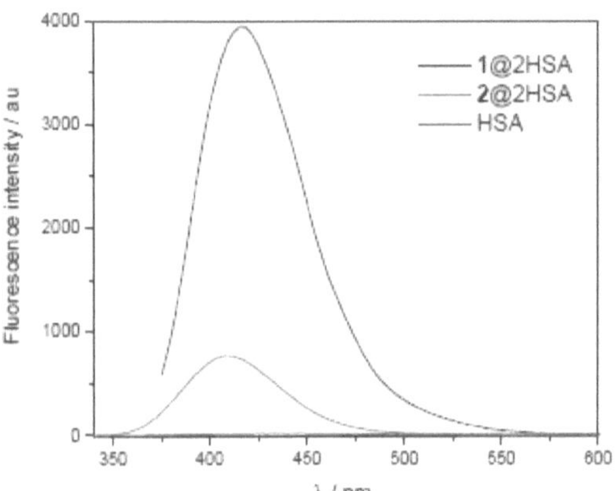

Figure 5.6. Emission spectra of HSA alone (λ_{exc} = 340 nm), **1**@HSA (λ_{exc} = 355 nm) and **2**@HSA (λ_{exc} = 324 nm). Conditons: ([**1**] and [**2**] = 0.1 mM; [HSA] = 0.2 mM, PBS, air).

The stoichiometry of the **1**@HSA and **2**@HSA complexes was determined as 2:1 and 1:1, respectively, by means of Job plot analysis (Figure 5.7).[22]

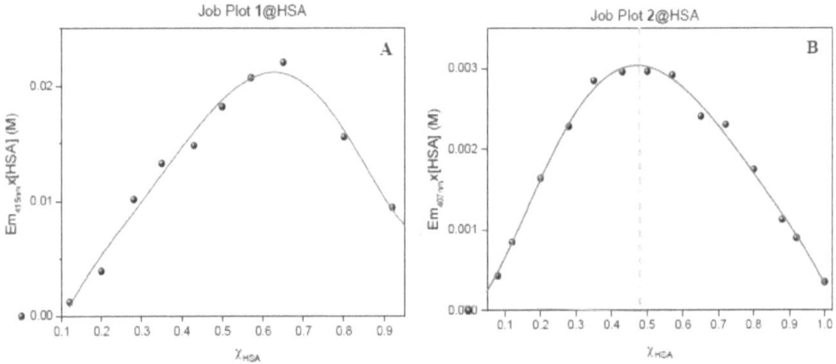

Figure 5.7. Emission Job plot for **1**@HSA (A) and **2**@HSA (B).

To evidence formation of **1**@HSA and **2**@HSA complexes, difference spectra, i. e. [**1**@HSA]-[**1**+HSA], were obtained upon variations of ligand/protein molar ratios (Figures 5.8A, B). To calculate the binding constants, the Benesi-Hildebrand procedure[23] (eq. 1, Figures 5.8C, D) was employed.

$$\frac{[Ligand]}{Abs_{complex}} = \frac{1}{K_{complex} \times [HSA] \times \varepsilon_{complex}} + \frac{1}{\varepsilon_{complex}} \qquad \text{Eq. 1}$$

where $Abs_{complex}$ is the maximum absorbance of complexes (at 373 nm for **1** and 315 nm for **2**) at different HSA concentrations and $\varepsilon_{complex}$ is the molar absorption coefficient. The hhg-affinity $K_{complex}$ values, determined from the slope, are 2.4×10^5 M^{-1} and 2.8×10^4 M^{-1}, for **1** and **2**, respectively. These results are consistent with data previously reported for similar compounds such as naphthol and hydroxybiphenyl.[24]

Laser flash photolysis of the **1**@HSA and **2**@HSA complexes was also performed upon excitation at 355 nm. In both cases, the resulting transient absorption spectra (Figure 5.5C) were tentatively ascribed to the expected quinone methides **I** and **II** (Chart II), based on the existing data on related compounds. Their lifetimes were 0.5 and 8.0 μs, respectively.[8h,i]

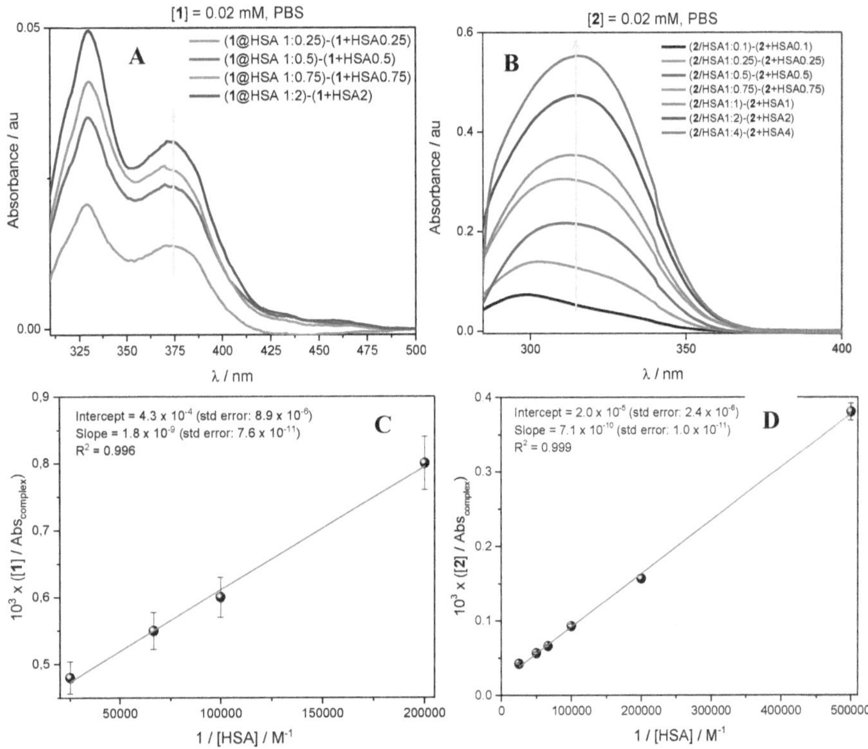

Figure 5.8. Difference UV spectra of A: [1@HSA]–[1+HSA] and B: [2@HSA]–[2+HSA] in PBS and B at the longer wavelength region. Benesi-Hildebrand plot of C **1** and D **2**; experimental errors were lower than 5% of the obtained values.

5.2.2. Photobinding of 1 and 2 to HSA

Irradiation of **1** and **2** in aqueous media (λ_{max} = 300 nm) led to the corresponding carboxylic acids, in agreement with the previously reported result for similar substrates. The accepted mechanism involves deprotonation in the singlet excited state, followed by heterolytic C-F bond cleavage to afford a QM-type intermediate (**I** or **II**, Chart 5.2).[17]

Chart 5.2. Chemical structures of the QM intermediates **I** and **II** together with the Lys trapping products

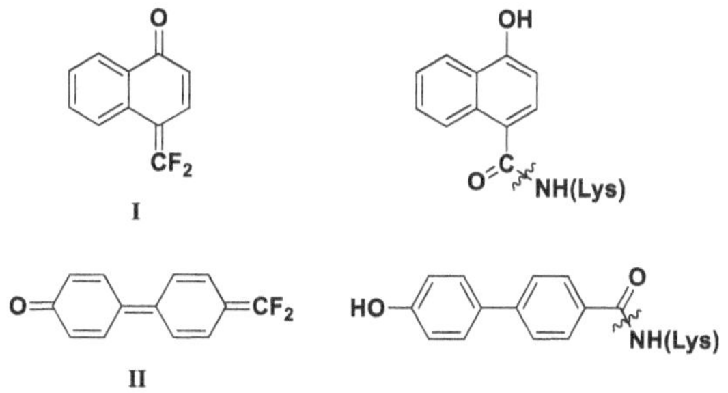

Photolysis of **1**@HSA and **2**@HSA was performed for detecting the possible formation of covalent photoadducts ([ligand] = 5×10^{-5}M; ligand:protein 1:5 molar ratio, air/PBS, $\lambda_{\text{max irr.}}$ = 300 nm). The photodegradation process was monitored by fluorescence spectroscopy (Figure 5.10).

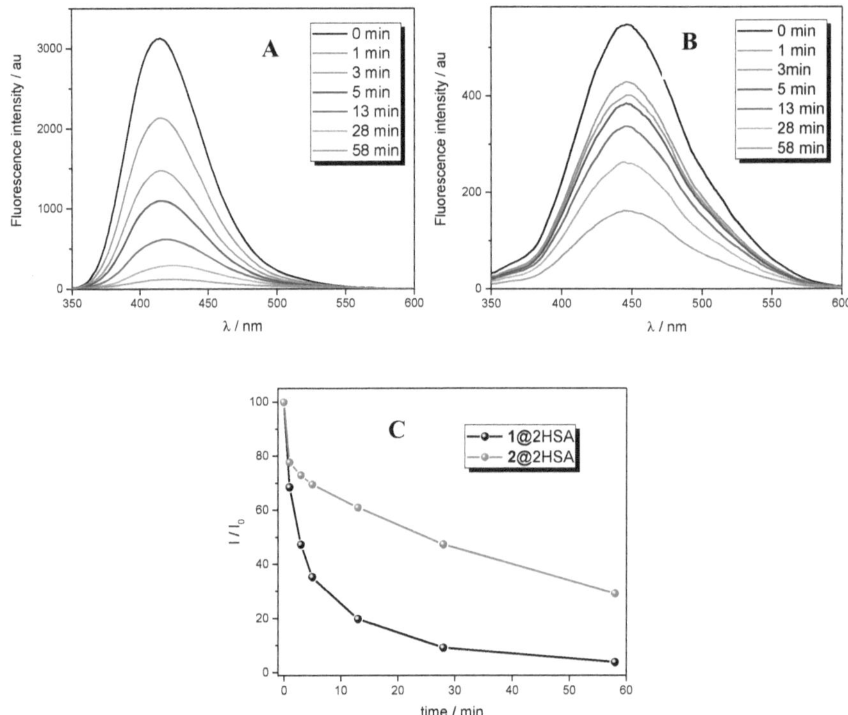

Figure 5.10. Fluorescence spectra at increasing irradiation times ([ligand] = 0.025 mM, ligand/protein 1:5 molar ratio, $\lambda_{max.\ irr.}$ = 300 nm) of A: **1**@HSA ($\lambda_{exc\ fluo}$ = 340 nm) B: **2**@HSA ($\lambda_{exc\ fluo}$ = 308 nm): C: Photodegradation of **1** and **2**, from the fluorescence measurements.

Then, trypsin digestion (to cleave peptide chains mainly at the carboxyl side of Lys or Arg residues, unless there is a neighboring Pro residue) was run, coupled with HPLC-MS/MS analysis. Full-scan and fragmentation data files were treated by using the MascotS database search engine, in order to find out which (if any) of the Lys residues located inside the hydrophobic binding sites of the protein became covalently modified by nucleophilic trapping of intermediates **I** or **II** (Chart 5.2).

In the case of **1**, an increment of *ca.* 170 amu was observed in peptides $_{99}$**NECFLQHKDDNPNLPR**$_{114}$ (Mr exp. = 2165.9548, Mr calc. 2165.9589) and $_{414}$**KVPQVSTPTLVEVSR**$_{428}$ (Mr exp. = 1808.9629, Mr calc. = 1808.9673). The MS/MS analysis revealed modification of Lys106 (in subdomain IA). The MS/MS fragment ions showed an unmodified y ion series from y_2 to y_8, whereas an increment of m/z 298 amu was detected at Lys106 between y_8 and y_9 corresponding to $C_{11}H_7O_2$–Lys(–H_2O). Besides, Lys414 (in sub-domain IIIA) was also modified, with a Lys106:Lys 414 ratio of *ca.* 85. A suggested reaction mechanism is outlined in Scheme 5.2. A similar analysis for **2** showed an increment of 196 amu in $_{191}$**ASSAKQR**$_{197}$ (Mr exp = 942.4536, Mr calc. = 942.4559) with covalent binding at Lys195 (located in sub-domain IIA). In this case, the MS/MS fragment ions showed an unmodified y ion series from y_3 to y_6, while an increment of m/z 324 amu was detected at Lys195 between y_2 and y_3 corresponding to $C_{13}H_9O_2$–Lys(–H_2O). Details of the ESI-MS/MS spectra and fragmentation patterns are shown in Figure 5.11 and Figures in Section 5.6 in the Supplementary Material.

```
  1    MKWVTFISLL  FLFSSAYSRG  VFRRDAHKSE  VAHRFKDLGE  ENFKALVLIA
 51    FAQYLQQCPF  EDHVKLVNEV  TEFAKTCVAD  ESAENCDKSL  HTLFGDKLCT
101    VATLRETYGE  MADCCAKQEP  ERNECFLQHK  DDNPNLPRLV  RPEVDVMCTA
151    FHDNEETFLK  KYLYEIARRH  PYFYAPELLF  FAKRYKAAFT  ECCQAADKAA
201    CLLPKLDELR  DEGKASSAKQ  RLKCASLQKF  GERAFKAWAV  ARLSQRFPKA
251    EFAEVSKLVT  DLTKVHTECC  HGDLLECADD  RADLAKYICE  NQDSISSKLK
301    ECCEKPLLEK  SHCIAEVEND  EMPADLPSLA  ADFVESKDVC  KNYAEAKDVF
351    LGMFLYEYAR  RHPDYSVVLL  LRLAKTYETT  LEKCCAAADP  HECYAKVFDE
401    FKPLVEEPQN  LIKQNCELFE  QLGEYKFQNA  LLVRYTKKVP  QVSTPTLVEV
451    SRNLGKVGSK  CCKHPEAKRM  PCAEDYLSVV  LNQLCVLHEK  TPVSDRVTKC
501    CTESLVNRRP  CFSALEVDET  YVPKEFNAET  FTFHADICTL  SEKERQIKKQ
551    TALVELVKHK  PKATKEQLKA  VMDDFAAFVE  KCCKADDKET  CFAEEGKKLV
601    AASQAALGL
```

```
  1    MKWVTFISLL  FLFSSAYSRG  VFRRDAHKSE  VAHRFKDLGE  ENFKALVLIA
 51    FAQYLQQCPF  EDHVKLVNEV  TEFAKTCVAD  ESAENCDKSL  HTLFGDKLCT
101    VATLRETYGE  MADCCAKQEP  ERNECFLQHK  DDNPNLPRLV  RPEVDVMCTA
151    FHDNEETFLK  KYLYEIARRH  PYFYAPELLF  FAKRYKAAFT  ECCQAADKAA
201    CLLPKLDELR  DEGKASSAKQ  RLKCASLQKF  GERAFKAWAV  ARLSQRFPKA
251    EFAEVSKLVT  DLTKVHTECC  HGDLLECADD  RADLAKYICE  NQDSISSKLK
301    ECCEKPLLEK  SHCIAEVEND  EMPADLPSLA  ADFVESKDVC  KNYAEAKDVF
351    LGMFLYEYAR  RHPDYSVVLL  LRLAKTYETT  LEKCCAAADP  HECYAKVFDE
401    FKPLVEEPQN  LIKQNCELFE  QLGEYKFQNA  LLVRYTKKVP  QVSTPTLVEV
451    SRNLGKVGSK  CCKHPEAKRM  PCAEDYLSVV  LNQLCVLHEK  TPVSDRVTKC
501    CTESLVNRRP  CFSALEVDET  YVPKEFNAET  FTFHADICTL  SEKERQIKKQ
551    TALVELVKHK  PKATKEQLKA  VMDDFAAFVE  KCCKADDKET  CFAEEGKKLV
601    AASQAALGL
```

Figure 5.11. Amino acid sequence obtained after irradiation of **1**@HSA (top) and **2**@HSA (bottom), with the non-matched amino acids in blue. The modified peptides and the altered amino acid residues are shown in red and violet, respectively.

5.2.3. Docking and Molecular Dynamics Simulations Studies

In an effort to understand in atomic detail the covalent modification mechanism as well as to gain insight into the molecular basis of the observed selectivities, docking and Molecular Dynamics (MD) simulation studies were carried out.

Binding of 1 to HSA and covalent addition to sub-domains IA and IIIA-

The binding modes of ligand **1** in sub-domains IA and IIIA of HSA were first studied by molecular docking using the program GOLD[25] version 5.2 and the available protein coordinates of the crystallographically determined HSA in complex with iophenoxic acid (PDB code 2YDF).[26] This structure was chosen because two of the four molecules observed are located close to Lys414. The positions of these molecules in sub-domain IIIA and of the ε-amino group of Lys106 in sub-domain IA were used to define the recognition site, and the radius was set to 8 Å. The highest score solutions obtained by docking were further analyzed by MD simulation studies in order to assess the stability and therefore the reliability of the postulated binding. The monomer of the 1@HSA-IA and 1@HSA-IIIA protein complexes in a truncated octahedron of water molecules obtained with the molecular mechanics force field AMBER[27] was employed. The binding mode of the intermediate **I** was also studied by manual replacement of the ligand **1** with **I** in the binary 1@HSA-IA and 1@HSA-IIIA complexes, which was then subjected to 60 ns of dynamic simulation. Moreover, as for compound **1** the experimentally observed stoichiometry ligand *vs* HSA was 2:1, the ternary **1+1**@HSA complex was also considered. These studies revealed sub-domain IA as the main binding pocket of **1**, which will be discussed below.

(a)   *Binary 1@HSA-IA complex.* The results from the dynamic simulation of the 1@HSA-IA complex showed that the proposed binding for **1** in sub-domain IA obtained by docking was reliable as this complex proved to be very stable (Figure 5.12). Analysis of the root-mean-square deviation (rmsd) for the whole protein backbone (C_α, C, N and O atoms) calculated in the complex obtained from MD simulations studies revealed that it varies between 1.0–3.0 Å (average of 1.6 Å) and is relatively low for sub-domain IA (0.9–1.3 Å and an average of 0.9 Å) (Figure 5.13).

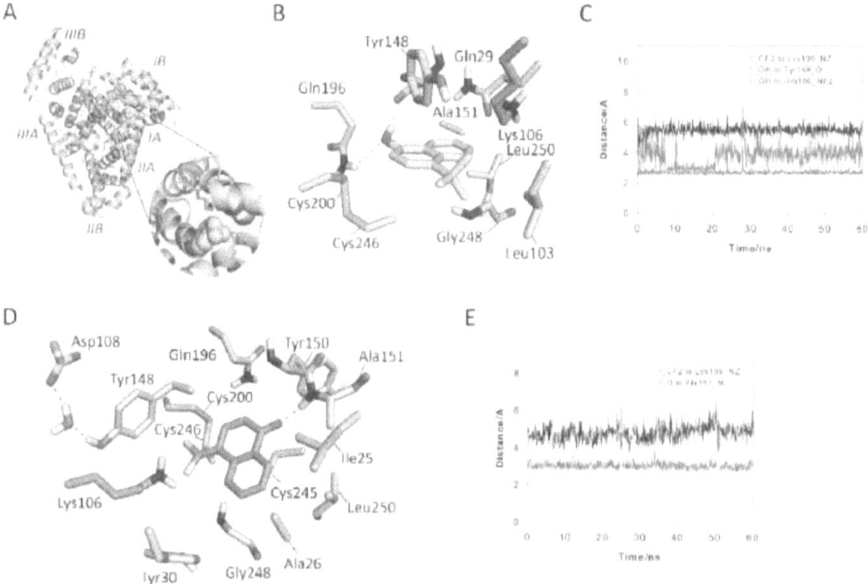

Figure 5.12. Proposed binding mode of **1** (yellow) and the intermediate I (green) in subdomain IA as obtained by MD simulation studies. (A) Overall view of the proposed binary **1**@HSA-IA complex. Snapshot after 60 ns is shown. (B) Detailed view of the **1**@HSA-IA complex. (C) Variation of the relative distance between the C19 (CF3 group) and the O atom of **1** and the NZ atom of Lys106, the O atom of Tyr148 and the NE2 atom of Gln196, respectively, in the **1**@HSA-IA protein complex during 60 ns of simulation. (D) Detailed view of the binary I@HSA-IA complex. Snapshot after 30 ns is shown. (E) Variation of the relative distance between the C19 (CF2 group) in I and the NZ atom of Lys106 and O17 atom (carbonyl group) in I and NH group of Ala151 in the I@HSA-IA protein complex during the whole simulation. Relevant side chain residues are shown and labelled. Lys106 and Asp108 are shown in orange and yellow, respectively. Hydrogen bonding interactions are shown as red dashed lines. Note how for both complexes the lysine residue that is covalently modified (Lys106) is located very close to the fluoromethide moiety and the phenol group in 1 and the ketone group in I would be anchored in the pocket by strong hydrogen bonding interactions.

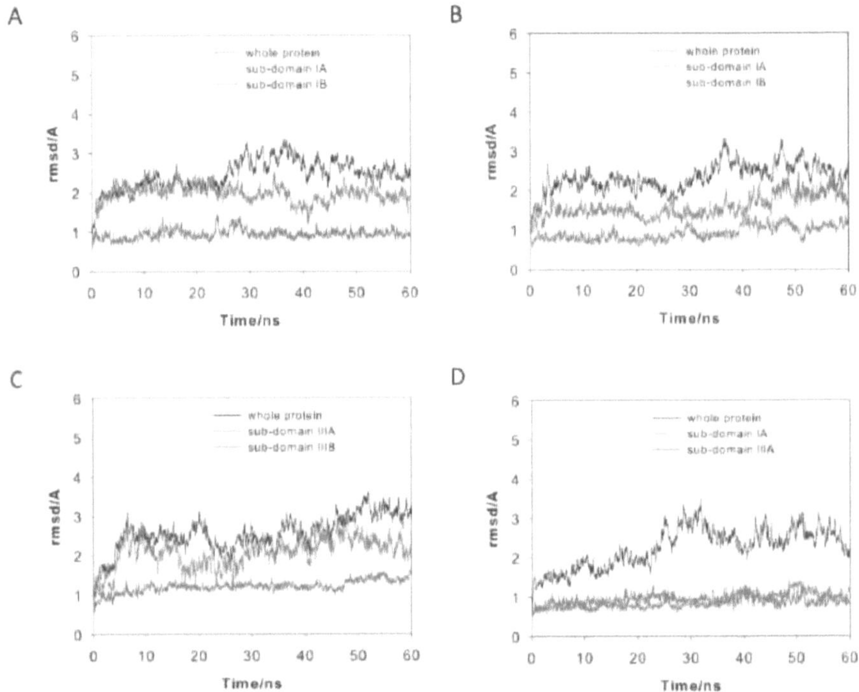

Figure 5.13. RMSD plots for the protein backbone (Cα, C, N, and O atoms), sub-domains IA, IB, IIIA and IIIB in the: (A) binary **1**@HSA-IA complex; (B) I@HSA-IA adduct; (C) binary **1**@HSA-IIIA complex; and (D) tertiary 1+1@HSA complex; obtained from MD simulations studies.

Ligand **1** would be anchored to sub-domain IA of HSA *via* two hydrogen bonding interactions involving the phenol group and the main carbonyl group of Tyr148 and the amide side chain of Gln196 (Figures 5.12A, B). Analysis of the variation of the relative distance between the atoms involved in the aforementioned hydrogen bonding interactions during the whole simulation revealed that **1** is well fixed in this pocket and its conformation properly controlled by these residues (Figure 5.12C). The CF_3 moiety would be also located in the proximity of ε-amino group of Lys106 with an average distance of 5.3 Å during the simulation. In addition, ligand **1** would stablish numerous apolar interactions within the pocket, mainly involving the side chain of residues Leu103, Ala151, Leu250, Gly248, Cys246, Cys200 and the carbon side chain of Gln29.

(b)   *Binary I@HSA-IA complex.* As it is shown in Figure 5.12D, the results of our computational studies revealed that the intermediate **I** would be anchored to sub-domain IA of HSA *via* hydrogen bonding interaction with the main NH group of Ala151. The analysis of the relative distance between the C19 atom (CF_2 group) in **I** and the NZ atom of Lys106 and O17 atom (carbonyl group) in **I** and NH group of Ala151 during the simulation revealed that this contact is present during 92% of the simulation with an average distance of 3.0 Å (Figure 5.12E). Furthermore, the difluoromethide moiety in **I** would be located closer to the ε-amino group of Lys106 (average distance of 4.8 Å) than in the 1@HSA-IA complex (Figures 5.12C *vs* 5.12E). This proposed arrangement of the intermediate **I** adequately explains the experimentally observed modification of Lys106.

Once the intermediate **I** is generated by irradiation of the 1@HSA protein complex, covalent attachment would probably occur by nucleophilic attack of Lys106, which would be triggered by Asp108 acting as the general base and through the generation of the tyrosinate form of Tyr148 (Figure 5.12D). Thus, during 90% of the simulation a water molecule from the bulk solvent remained fixed between the side chain of Asp108 and Tyr148, with one of its protons engaged in a hydrogen bond with a carboxylate oxygen of Asp108 and one of its oxygen's lone pairs accepting a hydrogen bond from the oxygen atom of Tyr148. Under this arrangement, the tyrosinate could be generated and be the general base for the deprotonation of Lys106 (nucleophile). The average distance between the NZ atom of Lys106 and the O atom of Tyr148, the O atom of Tyr148 and the O atom of the water molecule and the closest OD1/OD2 atoms (carboxyl group) of Asp108 and the O atom of the water molecule during the whole simulation is 5.50 Å, 2.85 Å and 2.73 Å, respectively (Figure 5.14). The generation of catalytic tyrosinates in proteins by neighbor aspartate residues, either involving or not a water molecule, has previously been reported.[28]

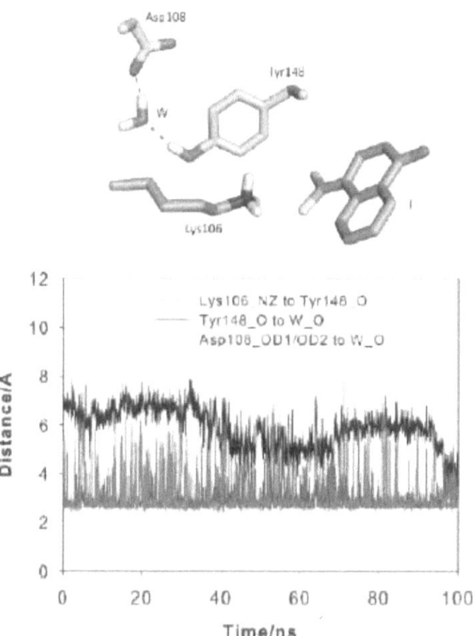

Figure 5.14. Variation of the relative distance between: (i) the NZ atom of Lys106 and the O atom of Tyr148; (ii) the O atom of Tyr148 and the O atom of the water molecule; and (iii) the closest OD1/OD2 atoms (carboxyl group) of Asp108 and the O atom of the water molecule; in the binary I@HSA-IA protein complex during the whole simulation.

(c)   Binary 1@HSA-IIIA complex. In general, the computational studies carried out with the binary complex **1@HSA-IIIA** reveal that in contrast to the binary complex **1@HSA-IA** in which the CF_3 group of the ligand is located close to the lysine that is modified, Lys106, the latter group would be placed further away from Lys414 (Figure 15). In particular, the average distance between the NZ atom of Lys414 and the C19 atom (CF_3 group) is of 9.0 Å during the 60 ns of simulation (Figure 5.15C, brown line).

Moreover, the ligand would be located in this pocket due to a strong hydrogen bonding with the main carbonyl group of Leu430 (average distance of 5.6 Å, Figure 5.15C, yellow line) as well as diverse apolar interactions with the side chain of residues Leu407, Val433, Leu453, Ala449, Ile388, Leu387 and Phe403, and the carbon chain of Asn391 (Figure 15B). Remarkably, the overall binding stability of ligand **1** in sub-domain IIIA seems to be lower than in sub-domain IA in view of the greater mobility of the ligand in the pocket. This is because the binding pocket of the sub-domain IA is smaller and the polar interactions with the protein are stronger. These findings also revealed that the primary binding pocket of ligand **1** would be sub-domain IA. In this case, residue Glu492, which is located close by Lys414, would act as the general base for the deprotonation of the lysine residue that undergoes covalent modification. The average distance between the NZ atom of Lys414 and the closest OE1/OE2 atoms (carboxylate group) of Glu492 is 4.66 Å during the whole simulation (Figure 5.16).

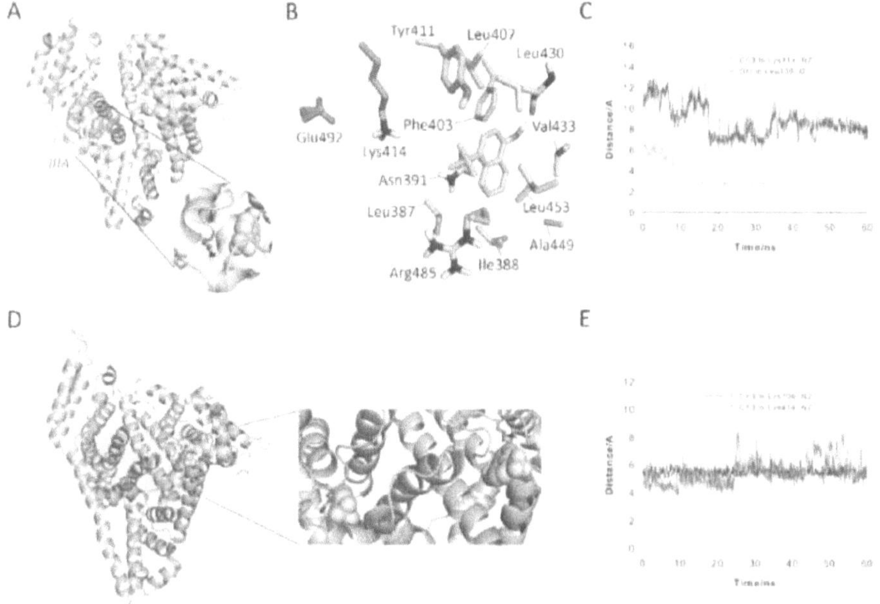

Figure 5.15. Proposed binding mode of **1** in binary **1**@HSA-IIIA and ternary **1+1**@HSA complexes as obtained by MD simulation studies. (A) Overall view of the proposed binary **1**@HSA-IIIA complex. Snapshot after 50 ns is shown. (B) Detailed view of the **1**@HSA-IIIA complex. (C) Variation of the relative distance between the C19 (CF3 group) and O atom of **1** and the NZ atom of Lys414 and the O atom of Leu430, respectively, in the **1**@HSA-IIIA protein complex during 60 ns of simulation. (D) Overall view of the proposed ternary **1+1**@HSA complex. Snapshot after 20 ns is shown. (E) Variation of the relative distance between the C19 (CF3 group) of **1** and the NZ atom of Lys106 and Lys414 in the **1**@HSA-IIIA and **1+1**@HSA complexes, respectively, during 60 ns of simulation. Relevant side chain residues are shown and labelled. Lys414 and Glu492 are shown in orange and yellow, respectively. Hydrogen bonding interactions are shown as red dashed lines. Note how Lys414 is located closer to the CF3 group in **1** in the ternary **1+1**@HSA complex than in the binary one.

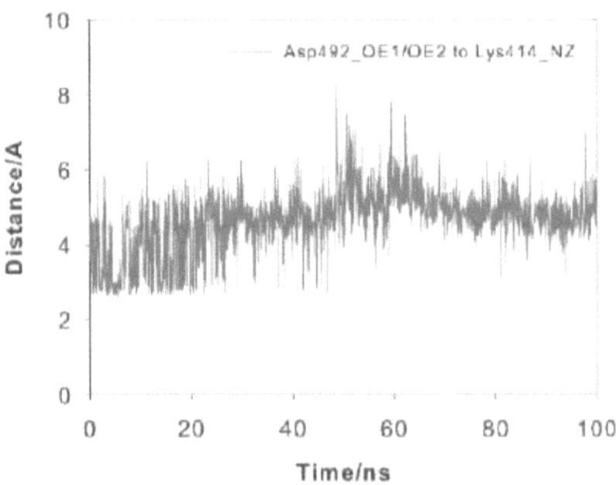

Figure 5.16. Variation of the relative distance between the NZ atom of Lys414 and the closest OE1/OE2 atoms (carboxyl group) of Glu492 in the **1**@HSA-IIIA protein complex during the whole simulation.

(d)   *Ternary 1+1@HSA complex*. The experimentally observed 2:1 complex was also studied (Figure 5.15D). In general, no significant differences were observed in the binding of **1** to sub-domain IA in the ternary and binary complexes, locating in both cases the CF_3 group of **1** in close contact to the ε-amino group of Lys106 (average distance of 5.1 Å *vs* 5.3 Å, respectively) (Figures 5.15E *vs* 5.12C, black lines). More importantly, the presence of **1** in this pocket would significantly reduce the distance between the ε-amino group of Lys414 and the CF_3 group in **1** for covalent modification. These findings also reveal that: (1) sub-domain IA would be the primary binding pocket of **1**, and (2) this last binding would have a positive cooperative effect that would favor the binding to sub-domain IIIA.

The analysis of the rmsd for the whole protein backbone (C_α, C, N and O atoms) and the sub-domains IA and IIIA calculated in the ternary **1+1**@HSA complex also corroborate the increased stability of these protein pockets (Figure 5.13D). The computational results explain the abovementioned photophysical and proteomic experimental results. Moreover, the MD simulation studies carried out with the corresponding ternary adducts revealed that the intermediate **I** would be rapidly trapped, in particular by Lys414 as its mobility in this pocket is very significant.

Binding of 2 to HSA and covalent addition to sub-domain IIA

As for ligand **1**, the binding mode of ligand **2** in sub-domain IIA of HSA was first studied by molecular docking using the protein coordinates found in the crystal structure of HSA in complex with oxyphenbutazone (PDB code 2BXB[29]). The ligand in this structure is located close to the experimentally observed modified Lys195 residue. It is important to highlight that an analysis of the residues surrounding Lys195 revealed that this residue is located nearby another lysine residue, Lys199, whose modification was not observed (Figure 5.17). Considering that when two lysine residues are located very close in space, usually only one of them is protonated at physiological pH, simulation studies with the two possible protonation states of both lysine residues were performed.

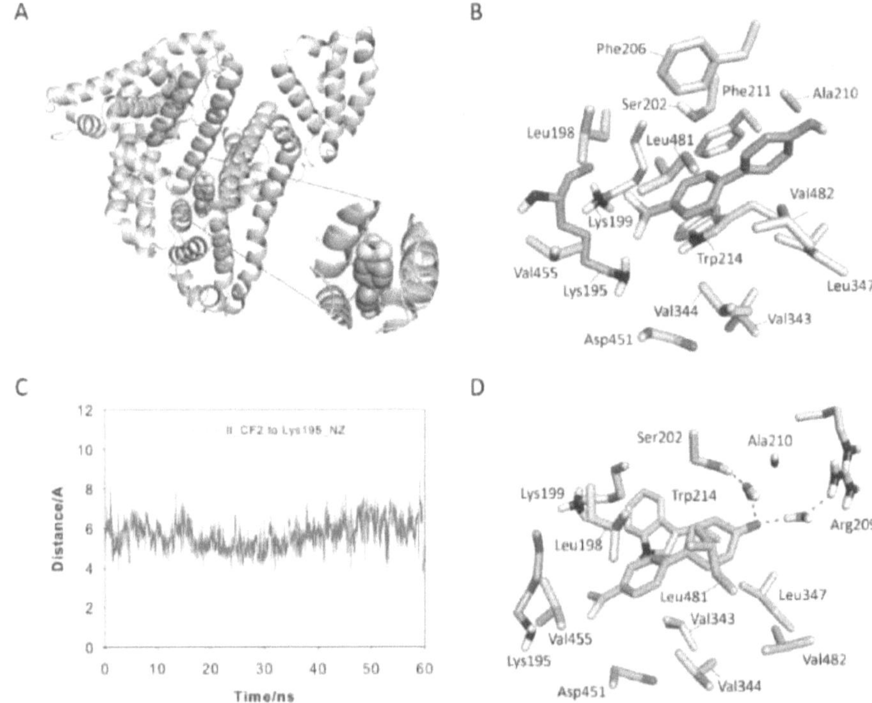

Figure 5.17. Proposed binding mode of the ligand **2** (violet) and the intermediate II (green) in sub-domain IIA as obtained by MD simulation studies. (A) Overall view of the proposed binary 2@HSA-IIA complex. Snapshot after 60 ns is shown. (B) Detailed view of the binary 2@HSA-IIA complex. (C) Variation of the relative distance between the C23 atom (CF2 group) and the NZ atom of Lys195 in the II@HSA-IIA protein complex during 60 ns of simulation. (D) Detailed view of the II@HSA-IIA adduct. Snapshot after 20 ns is shown. Note how Lys195 is well located for nucleophilic attack. Relevant side chain residues are shown and labelled. Hydrogen bonding interactions of the intermediate II are shown as red dashed lines.

The best results were obtained considering neutral Lys195 (nucleophile) and protonated Lys199, which would be also in agreement with the experimental results. Furthermore, although the obtained binding mode reveals that both residues are close in distance to the CF3 group in **2**, the arrangement of the side chain of Lys199 observed during 60 ns of simulation revealed to be geometrically inappropriate for nucleophilic attack once the intermediate **II** would be gen generated (Figures 5.17B and 5.17D). The ε-amino group in Lys199 is predicted to be parallel to the ligand during the whole simulation rather than facing to the difluoromethide group in **II** for chemical modification. The binary **2**@HSA-IIA complex probed to be very stable, confirming the reliability of the proposed binding (Figure 5.18). Unlike ligand **1**, direct polar contacts between ligand **2** and the residues within the pocket were not identified. In this case, the polar interactions of the phenol moiety in **2**, which fixes this ligand in the pocket, would be mediated by water molecules (not shown). Moreover, ligand **2** would be embedded in a large apolar pocket involving residues Val343, Val344, Val482, Leu347, Leu481, Val455, Leu198, Phe206, Phe211, Ala210, Trp214 and the carbon side chain of Asp451 and Ser202.

The intermediate **II** generated by irradiation of the **2**@HSA-IIA protein complex would have a similar binding mode as ligand **2** (Figure 5.17D). As for **2**, no direct polar contacts between **II** and the protein were observed. Instead, the ketone group in **II** would interact with the side chain of Ser202 and Arg209 through water molecules. Under this arrangement, the ε-amino group of Lys195 is well located for nucleophilic attack to the difluoromethide moiety in **II**. Thus, the analysis of the variation of the relative distance between the C23 atom (CF$_2$ group) and the NZ atom of Lys195 in the **II**@HSA-IIA

protein adduct during 60 ns of simulation revealed an average distance of 5.7 Å (Figure

5.17C).

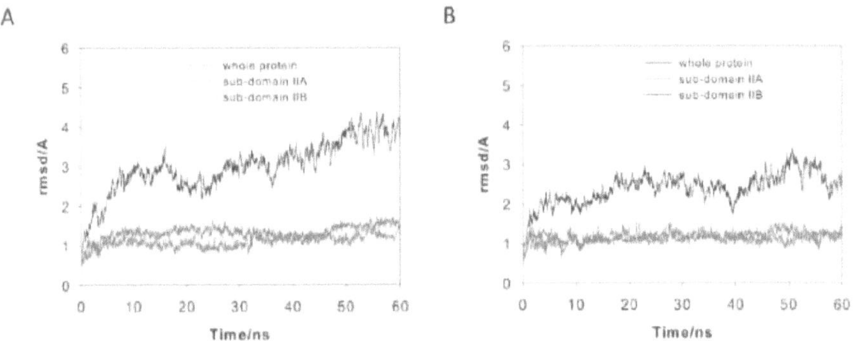

Figure 5.18. RMSD plots for the protein backbone (Cα, C, N, and O atoms), sub-domains IIA and IIB in the binary **2**@HSA-IIA complex (A) and the **2**@HSA-IA adduct (B) obtained from MD simulations studies.

5.3. Conclusions

The combined experimental and theoretical results suggest that quinone methides photo-generated from trifluoromethylphenols can be appropriate latent electrophiles to achieve selective lysine targeting. Thus, **1** and **2** form ground-state complexes with HSA, characterized by a long-wavelength absorption band with maxima at *ca.* 320 nm, which allows their selective excitation, resulting in a well-defined emission appearing at *ca.* 420 nm. Photolysis of the complexes produces a covalently modified protein, whose proteomic analysis reveals selective targeting of Lys 106 and, to a lesser extent, Lys 414, in the case of ligand **1**; by contrast, Lys 195 becomes selectively modified upon irradiation of ligand **2** within HSA. The results of our MD simulation studies revealed that not only the ligands but also the photogenerated intermediates form stable complexes with the identified pockets of HSA, which would explain the selective modification of the internal lysine residues, Lys106, Lys414, and Lys195. The computational studies performed with the binary **1**@HSA-IA and **1**@HSA-IIIA and ternary **1+1**@HSA complexes reveal sub-domain IA as the main binding pocket of **1**. Ligand **1** would be anchored to this pocket *via* two hydrogen bonding interactions involving the phenol group and the main carbonyl group of Tyr148 and the amide side chain of Gln19. After irradiation, the photogenerated intermediate **I** would be fixed to this pocket *via* hydrogen bonding interaction with the main NH group of Ala151 allowing the difluoromethide moiety in **I** to be located close to the ε-amino group of Lys106 for nucleophilic attack. In addition, binding to sub-domain IA would have a positive cooperative effect that would favor the binding to sub-domain IIIA. This is in agreement with the experimentally observed modification of Lys106 and Lys414 residues in a ratio of *ca.* 85:1, respectively. On the other hand, the intermediate **II** photogenerated from ligand **2** would bind to sub-domain IIA *via* polar contacts with the side chain of Ser202 and Arg209 mediated by water molecules. Under this arrangement, the ε-amino group of Lys195 would be well located for nucleophilic attack to the difluoromethide moiety in **II**.

5.4. Experimental

5.4.1. General

Human serum albumin and 4'-hydroxy-4-biphenylcarboxylic acid were commercially available. Spectrophotometric, HPLC or reagent grade solvents were used without further purification. Buffered saline solutions at pH 7.4 and pH 12 were prepared by dissolving commercially available tablets in deionized water. Ligands 4-trifluoromethyl-1-naphthol (**1**) and 4-(4-trifluorometylphenyl)phenol (**2**), were synthesized following previously reported procedures.[30]

5.4.2. Absorption and emission measurements

Optical spectra at different media were recorded on a JASCO V-630 spectrophotometer. Steady-state emission and excitation spectra were recorded on a JASCO FP-8500 spectrofluorometer system, provided with a monochromator in the wavelength range of 200-850 nm, at 22°C. Time-resolved fluorescence measurements were performed with an EasyLife V spectrometer from OBB (Palaiseau, France), equipped with a pulsed LED (λ_{exc} 295 nm) as excitation source. The kinetic traces were fitted by one monoexponential decay function, using a deconvolution procedure to separate them from the lamp pulse profile. Experiments were performed on solutions of known concentration in different media, employing 10×10 mm^2 quartz cells with 4 mL capacity.

5.4.3. Laser flash photolysis measurements

Experiments were carried out with a pulsed Nd:YAG Laser system with 355 nm as excitation wavelength, 0.6 cm as beam diameter and a pulse duration of 10 ns. The energy was set at 15 mJ/pulse. The apparatus consisted of the pulsed laser, a xenon lamp, a monochromator, and a photomultiplier. Samples of **1** and **2** in the presence of 5 equivalents of HSA were placed in 10 mm × 10 mm quartz cells. The absorbance of the complexes at the excitation wavelength was kept at 0.25. Experiments were performed at 22°C.

5.4.4. Steady-state photolysis experiments

Irradiations of **1** or **2** (5×10^{-5} M) were performed in PBS in the presence or absence of HSA (ligand/protein 1:5 molar ratio) in a multilamp photoreactor containing low pressure mercury lamps (14 × 8 W), with emission maximum at $\lambda = 300$ nm, through Pyrex. The course of the process was followed by monitoring the changes in the fluorescence spectra of the reaction mixtures at increasing times.

5.4.5. Protein Digestion and LC-ESI-MS/MS Analysis

Human serum albumin (HSA) was enzymatically digested into smaller peptides using trypsin. Subsequently, these peptides were analyzed using nanoscale liquid chromatography coupled to tandem mass spectrometry (nano LC-MS/MS). Briefly, 20 µg of sample were taken (according to Qubit quantitation) and the volume was set to 20 µL. Digestion was achieved with sequencing grade trypsin (Promega) according to the following steps: i) 2 mM DTT in 50 mM NH_4HCO_3 V = 25 µL, 20 min (60 °C); ii) 5.5 mM IAM in 50 mM NH_4HCO_3 V=30 µL, 30 min (dark); iii) 10 mM DTT in 50 mM NH_4HCO_3 V = 60 µL, 30 min; iv) Trypsin (Trypsin: Protein ratio 1:20 w/w) V = 64 µL, overnight 37 °C. Digestion was stopped with 7 µL 10% TFA (Cf protein *ca* 0.28 µg/µL). Next, 5 µL of sample (except the main bands) were loaded onto a trap column (NanoLC Column, 3µ C18-CL, 350 um × 0.5 mm; Eksigent) and desalted with 0.1% TFA at 3 µL/min during 5 min. The peptides were then loaded onto an analytical column (LC Column, 3 µ C18-CL, 75 um × 12 cm, Nikkyo) equilibrated in 5% acetonitrile 0.1% formic acid. Elution was carried out with a linear gradient of 5 to 45% B in A for 30 min (A: 0.1% formic acid; B: acetonitrile, 0.1% formic acid) at a flow rate of 300 µL/min. Peptides were analyzed in a mass spectrometer nanoESI qQTOF (5600 TripleTOF, ABSCIEX). The tripleTOF was operated in information-dependent acquisition mode, in which a 0.25-s TOF MS scan from 350–1250 m/z was performed, followed by 0.05-s product ion scans from 100-1500 m/z on the 50 most intense 2-5 charged ions. ProteinPilot v4.5. (ABSciex) search engine default parameters were used to generate peak list directly from 5600 TripleTOF wiff files. The obtained mgf was used for identification with MASCOT (v 4.0, Matrix- Science). Database search was performed on SwissProt database. Searches were done with tryptic specificity allowing one missed cleavage and a tolerance on the mass measurement of 100 ppm in MS mode and 0.6 Da in MS/MS mode.

5.4.6. Docking studies

They were carried out using program GOLD 5.2.2[23] and the protein coordinates found in the crystal structure of HSA in complex with: (a) oxyphenbutazone (PDB code 2BXB[29]) for **2** and iophenoxic acid (PDB code 2YDF[24]) for **1**. These structures were selected since the observed ligands are located in the same region where the lysine residues covalently modified by **1** and **2** were observed. Ligand geometries were minimized using the AM1 Hamiltonian as implemented in the program Gaussian 09[31] and used as MOL2 files. Each ligand was docked in 25 independent genetic algorithm (GA) runs, and for each of these a maximum number of 100000 GA operations were performed on a single population of 50 individuals. Operator weights for crossover, mutation and migration in the entry box were used as default parameters (95, 95, and 10, respectively), as well as the hydrogen bonding (4.0 Å) and van der Waals (2.5 Å) parameters. The position of the side chain of the experimentally observed modified residue was used to define the active-site and the radius was set to 8 Å. All crystallographic water molecules and the ligands were removed for docking. The "flip ring corners" flag was switched on, while all the other flags were off. The GOLD scoring function was used to rank the ligands in order to fitness.

5.4.7. Molecular dynamic simulations

(a) Ligand minimization. The ligand geometries of the highest score solution obtained by docking were minimized using a restricted Hartree–Fock (RHF) method and a 6–31G(d) basis set, as implemented in the ab initio program Gaussian 09. Partial charges were

derived by quantum mechanical calculations using Gaussian 09, as implemented in the R.E.D. Server (version 3.0),[32] according to the RESP[33] model. Ligand coordinates obtained by docking were employed as starting point for MD simulations. The missing bonded and non-bonded parameters were assigned, by analogy or through interpolation, from those already present in the AMBER[34] database (GAFF[35]).

(b) Generation and minimization of the complexes. Simulations of the HSA/**2** and HSA/**1** binary complexes were carried out using the enzyme geometries in PDB codes 2BXB and 2YDF, respectively. Computation of the protonation state of titratable groups at pH 7.0 was carried out using the H^{++} Web server.[36] Addition of hydrogen and molecular mechanics parameters from the ff14SB[37] and GAFF force fields, respectively, were assigned to the protein and the ligands using the LEaP module of AMBER Tools 15.[29] As a result of this analysis: (i) His535 was protonated in δ position; (ii) His3, His9, His39, His146, His242, His288, His440, His464 and His510 were protonated in ε position; (iii) His67, His105, His128, His247, His338 and His367 were protonated in δ and ε positions. The protein was immersed in a truncated octahedron of ~25000 TIP3P water molecules and neutralized by addition of sodium ions. The system was minimized in five stages: (a) minimization of poorly unsolved residues: (i) for PDB 2BXB: 12, 33, 41, 51, 56, 60, 73, 81, 82, 84, 94, 95, 97, 111, 114, 174, 186, 190, 205, 209, 225, 227, 240, 250, 275, 276, 277, 297, 301, 313, 317, 321, 359, 390, 402, 436, 439, 444, 466, 513, 519, 524, 532, 536, 538, 541, 545, 550, 551, 560, 562, 564, 565, 574 and 580; and (ii) for PDB 2YDF: 12, 16, 31, 33, 41, 48, 56, 60, 64, 69, 77, 81, 82, 84, 93, 94, 95, 97, 98, 104, 109, 114, 115,

119, 121, 132, 136, 137, 141, 159, 160, 162, 167, 174, 178, 186, 190, 195, 205, 262, 269, 276, 277, 280, 301, 302, 305, 313, 314, 317, 351, 359, 365, 372, 376, 389, 390, 397, 402, 425 ,432, 436, 439, 444, 459, 466, 500, 502, 503, 505, 507, 509, 510, 512, 513, 516, 520, 524, 525, 536, 541, 543, 545, 548, 549, 550, 551, 554, 560, 562, 563, 564, 565, 568, 570, 571, 573, 574, 575, 580 and 582 (1000 steps, first half using steepest descent and the rest using conjugate gradient); (b) minimization of the ligand (1000 steps, first half using steepest descent and the rest using conjugate gradient); (c) minimization of the solvent and ions (5000 steps, first half using steepest descent and the rest using conjugate gradient); (d) minimization of the side chain residues, waters and ions (5000 steps, first half using steepest descent and the rest using conjugate gradient); (e) final minimization of the whole system (5000 steps, first half using steepest descent and the rest using conjugate gradient). A positional restraint force of 50 kcal mol^{-1} Å^{-2} was applied to not minimized residues of the protein during the stages a-c and to α carbons during the stage d, respectively.

(c) Simulations. MD simulations were performed using the pmemd.cuda_SPFP[38-40] module from the AMBER 14 suite of programs. Periodic boundary conditions were applied and electrostatic interactions were treated using the smooth particle mesh Ewald method (PME)[41] with a grid spacing of 1 Å. The cutoff distance for the non-bonded interactions was 9 Å. The SHAKE algorithm[42] was applied to all bonds containing hydrogen using a tolerance of 10^{-5} Å and an integration step of 2.0 fs. The minimized system was then heated at 300 K at 1 atm by increasing the temperature from 0 K to 300 K over 100 ps

and by keeping the system at 300 K another 100 ps. A positional restraint force of 50 kcal mol^{-1} Å^{-2} was applied to all α carbons during the heating stage. Finally, an equilibration of the system at constant volume (200 ps with positional restraints of 5 kcal mol^{-1} Å^{-2} to α alpha carbons) and constant pressure (another 100 ps with positional restraints of 5 kcal mol^{-1} Å^{-2} to α alpha carbons) were performed. The positional restraints were gradually reduced from 5 to 1 mol^{-1} Å^{-2} (5 steps, 100 ps each), and the resulting systems were allowed to equilibrate further (100 ps). Unrestrained MD simulations were carried out for 100 ns. System coordinates were collected every 10 ps for further analysis. The molecular graphics program PyMOL[43] was employed for visualization and depicting ligand/protein structures. The cpptraj module in AMBER 14 was used to analyse the trajectories and to calculate the root-mean-square deviations (rmsd) of the protein during the simulation.[44]

5.5. Supplementary Material

Modified peptide and ESI-MS/MS spectra fragmentation pathway of $_{99}$NECFLQHKDDNPNLPR$_{114}$. For clarity, the amino acid numbering used corresponds to the provided in PDB structures as the first 24 amino acids are usually not observed.

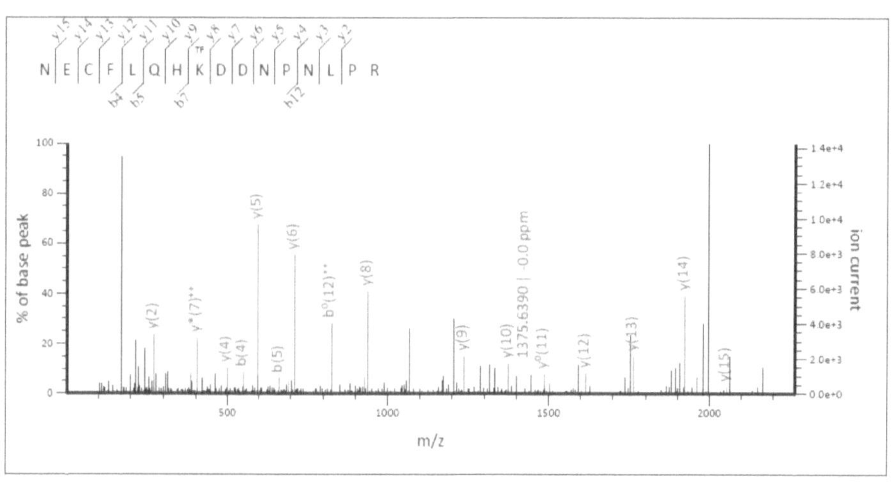

#	b	b++	b*	b*++	b0	b0++	Seq.	y	y++	y*	y*++	y0	y0++	#
1	115.0502	58.0287	98.0237	49.5155			N							16
2	244.0928	122.5500	227.0662	114.0368	226.0822	113.5448	E	2052.9232	1026.9653	2035.8967	1018.4520	2034.9127	1017.9600	15
3	404.1234	202.5654	387.0969	194.0521	386.1129	193.5601	C	1923.8806	962.4440	1906.8541	953.9307	1905.8701	953.4387	14
4	551.1919	276.0996	534.1653	267.5863	533.1813	267.0943	F	1763.8500	882.4286	1746.8234	873.9154	1745.8394	873.4234	13
5	664.2759	332.6416	647.2494	324.1283	646.2654	323.6363	L	1616.7816	808.8944	1599.7550	800.3812	1598.7710	799.8891	12
6	792.3345	396.6709	775.3080	388.1576	774.3239	387.6656	Q	1503.6975	752.3524	1486.6710	743.8391	1485.6870	743.3471	11
7	929.3934	465.2003	912.3669	456.6871	911.3828	456.1951	H	1375.6389	688.3231	1358.6124	679.8098	1357.6284	679.3178	10
8	1227.5252	614.2662	1210.4986	605.7529	1209.5146	605.2609	K	1238.5800	619.7937	1221.5535	611.2804	1220.5695	610.7884	9
9	1342.5521	671.7797	1325.5255	663.2664	1324.5415	662.7744	D	940.4483	470.7278	923.4217	462.2145	922.4377	461.7225	8
10	1457.5790	729.2932	1440.5525	720.7799	1439.5685	720.2879	D	825.4213	413.2143	808.3948	404.7010	807.4108	404.2090	7
11	1571.6220	786.3146	1554.5954	777.8013	1553.6114	777.3093	N	710.3944	355.7008	693.3678	347.1876			6
12	1668.6747	834.8410	1651.6482	826.3277	1650.6642	825.8357	P	596.3515	298.6794	579.3249	290.1661			5
13	1782.7177	891.8625	1765.6911	883.3492	1764.7071	882.8572	N	499.2987	250.1530	482.2722	241.6397			4
14	1895.8017	948.4045	1878.7752	939.8912	1877.7912	939.3992	L	385.2558	193.1315	368.2292	184.6183			3
15	1992.8545	996.9309	1975.8279	988.4176	1974.8439	987.9256	P	272.1717	136.5895	255.1452	128.0762			2
16							R	175.1190	88.0631	158.0924	79.5498			1

Modified peptide and ESI-MS/MS spectra fragmentation pathway of $_{414}$KVPQVSTPTLVEVSR$_{428}$. For clarity, the amino acid numbering used corresponds to the provided in PDB structures as the first 24 amino acids are usually not observed.

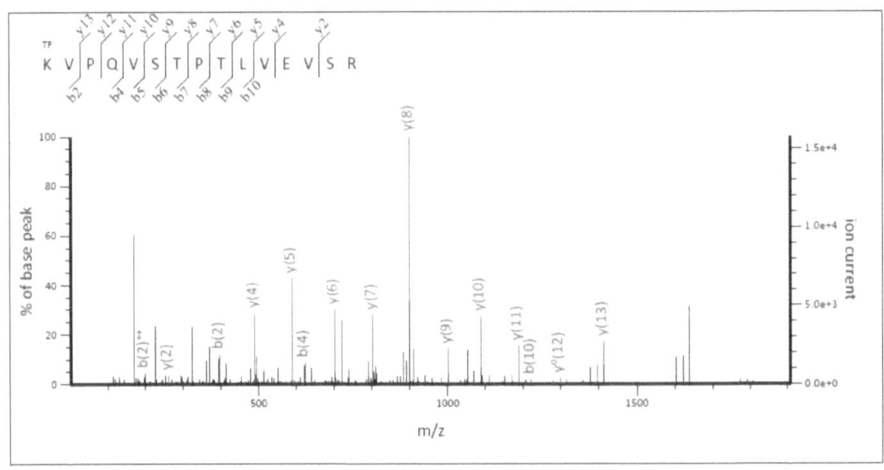

#	b	b++	b*	b*++	b0	b0++	Seq.	y	y++	y*	y*++	y0	y0++	#
1	299.1390	150.0731	282.1125	141.5599			K							15
2	398.2074	199.6074	381.1809	191.0941			V	1511.8428	756.4250	1494.8162	747.9118	1493.8322	747.4197	14
3	495.2602	248.1337	478.2336	239.6205			P	1412.7744	706.8908	1395.7478	698.3775	1394.7638	697.8855	13
4	623.3188	312.1630	606.2922	303.6498			Q	1315.7216	658.3644	1298.6951	649.8512	1297.7110	649.3592	12
5	722.3872	361.6972	705.3606	353.1840			V	1187.6630	594.3352	1170.6365	585.8219	1169.6525	585.3299	11
6	809.4192	405.2132	792.3927	396.7000	791.4087	396.2080	S	1088.5946	544.8009	1071.5681	536.2877	1070.5841	535.7957	10
7	910.4669	455.7371	893.4403	447.2238	892.4563	446.7318	T	1001.5626	501.2849	984.5360	492.7717	983.5520	492.2796	9
8	1007.5197	504.2635	990.4931	495.7502	989.5091	495.2582	P	900.5149	450.7611	883.4884	442.2478	882.5043	441.7558	8
9	1108.5673	554.7873	1091.5408	546.2740	1090.5568	545.7820	T	803.4621	402.2347	786.4356	393.7214	785.4516	393.2294	7
10	1221.6514	611.3293	1204.6249	602.8161	1203.6408	602.3241	L	702.4145	351.7109	685.3879	343.1976	684.4039	342.7056	6
11	1320.7198	660.8635	1303.6933	652.3503	1302.7093	651.8583	V	589.3304	295.1688	572.3039	286.6556	571.3198	286.1636	5
12	1449.7624	725.3848	1432.7359	716.8716	1431.7518	716.3796	E	490.2620	245.6346	473.2354	237.1214	472.2514	236.6293	4
13	1548.8308	774.9190	1531.8043	766.4058	1530.8203	765.9138	V	361.2194	181.1133	344.1928	172.6001	343.2088	172.1081	3
14	1635.8629	818.4351	1618.8363	809.9218	1617.8523	809.4298	S	262.1510	131.5791	245.1244	123.0659	244.1404	122.5738	2
15							R	175.1190	88.0631	158.0924	79.5498			1

Modified peptide and ESI-MS/MS spectra fragmentation pathway of $_{191}$ASSAKQR$_{197}$. For clarity, the amino acid numbering used corresponds to the provided in PDB structures as the first 24 amino acids are usually not observed.

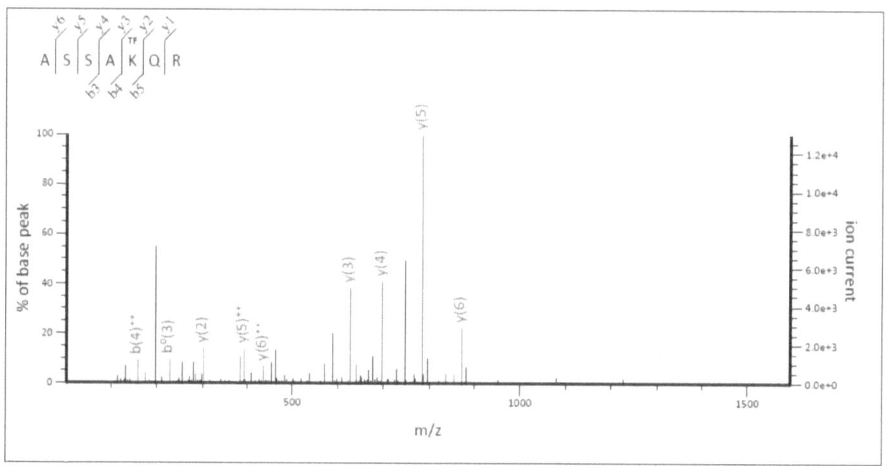

#	b	b++	b*	b*++	b0	b0++	Seq.	y	y++	y*	y*++	y0	y0++	#
1	72.0444	36.5258					A							7
2	159.0764	80.0418			141.0659	71.0366	S	872.4261	436.7167	855.3995	428.2034	854.4155	427.7114	6
3	246.1084	123.5579			228.0979	114.5526	S	785.3941	393.2007	768.3675	384.6874	767.3835	384.1954	5
4	317.1456	159.0764			299.1350	150.0711	A	698.3620	349.6847	681.3355	341.1714			4
5	641.2930	321.1501	624.2664	312.6368	623.2824	312.1448	K	627.3249	314.1661	610.2984	305.6528			3
6	769.3515	385.1794	752.3250	376.6661	751.3410	376.1741	Q	303.1775	152.0924	286.1510	143.5791			2
7							R	175.1190	88.0631	158.0924	79.5498			1

5.6. References

1. (a) Evans, D. C.; Watt, A. P.; Nicoll-Griffith, D. A.; Baillie, T. A. Drug-Protein Adducts: An Industry Perspective on Minimizing the Potential for Drug Bioactivation in Drug Discovery and Development. *Chem. Res. Toxicol* **2004**, *17*, 3–16. (b) Reid, W. D.; Krishna, G.; Gillette, J. R.; Brodie B. B. Biochemical Mechanism of Hepatic Necrosis Induced By Aromatic Hydrocarbons. *Pharmacology* **1973**, *10*, 193–214.

2. (a) Singh, J.; Petter, R. C.; Baillie, T. A.; Whitty, A. The Resurgence of Covalent Drugs. *Nat. Rev. Drug Discov.* **2011**, *10*, 307–317. (b) Baillie, T. A. Targeted Covalent Inhibitors for Drug Design. *Angew. Chem. Int. Ed.* **2016**, *55*, 13408–13421.

3. Wang, S.; Cang, S.; Liu, D. Third-Generation Inhibitors Targeting EGFR T790M Mutation In Advanced Non-Small Cell Lung Cancer. *J. Hematol. Oncol.* **2016**, *9*, 34/1–34/7.

4. (a) Smith, A. J. T.; Zhang, X.; Leach, A. G.; Houk, K. N. Beyond Picomolar Affinities: Quantitative Aspects of Noncovalent and Covalent Binding of Drugs to Proteins. *J. Med. Chem.* **2009**, *52*, 225–233. (b) Potashman, M. H.; Duggan, M. E. Covalent Modifiers: an Orthogonal Approach to Drug Design. *J. Med. Chem.* **2009**, *52*, 1231–1246. (c) Noe, M. C.; Gilbert, A. M. Targeted Covalent Enzyme Inhibitors. *Annu. Rep. Med. Chem.* **2012**, *47*, 413–439. (d) Lanning, B. R.; Whitby, L. R.; Dix, M. M.; Douhan, J.; Gilbert, A. M.; Hett, E. C.; Johnson, T. O.;

Joslyn, C.; Kath, J. C.; Niessen, S.; Roberts, L. R.; Schnute, M. E.; Wang, C.; Hulce, J. J.; Wei, B.; Whiteley, L. O.; Hayward, M. M.; Cravatt, B. J. A Road Map to Evaluate the Proteome-Wide Selectivity of Covalent Kinase Inhibitors. *Nat. Chem. Biol.* **2014**, *10*, 760−767. (e) González-Bello, C. Designing Irreversible Inhibitors--Worth the Effort?. *ChemMedChem* **2016**, *11*, 22−30.

5. (a) Katzenellenbogen, J. A.; Carlson, K. E.; Heiman, D. F.; Robertson, D. W.; Wei, L. L.; Katzenellenbogen, B. S. Efficient and Highly Selective Covalent Labeling of the Estrogen Receptor with [3H]Tamoxifen Aziridine. *J. Biol. Chem.* **1983**, *258*, 3487−3495. (b) Staub, I.; Sieber, S. A. Beta-Lactams as Selective Chemical Probes for the in vivo Labeling of Bacterial Enzymes Involved in Cell Wall Biosynthesis, Antibiotic Resistance, and Virulence. *J. Am. Chem. Soc.* **2008**, *130*, 13400−13409. (c) Ekkebus, R.; van Kasteren, S. I.; Kulathu, Y.; Scholten, A.; Berlin, I.; Geurink, P. P.; de Jong, A.; Goerdayal, S.; Neefjes, J.; Heck, A. J. R.; Komander, D.; Ovaa, H. On Terminal Alkynes that Can React with Active-Site Cysteine Nucleophiles in Proteases. *J. Am. Chem. Soc.* **2013**, *135*, 2867−2870. (d) Liu, Q.; Sabnis, Y.; Zhao, Z.; Zhang, T.; Buhrlage, S. J.; Jones, L. H.; Gray, N. S. Developing Irreversible Inhibitors of the Protein Kinase Cysteinome. *Chem. Biol.* **2013**, *20*, 146−159. (e) Shannon, D. A.; Banerjee, R.; Webster, E. R.; Bak, D. W.; Wang, C.; Weerapana, E. Investigating the Proteome Reactivity and Selectivity of Aryl Halides. *J. Am. Chem. Soc.* **2014**, *136*, 3330−3333. (f) Shannon, D. A.; Weerapana, E. Covalent Protein Modification:

the Current Landscape of Residue-specific Electrophiles. *Curr. Opin. Chem. Biol.* **2015**, *24*, 18–26. (g) Mortenson, D. E.; Brighty, G. J.; Plate, L.; Bare, G.; Chen, W.; Li, S.; Wang, H.; Cravatt, B. F.; Forli, S.; Powers, E. T.; Sharpless, K. B.; Wilson, I. A.; Kelly, J. W. "Inverse Drug Discovery" Strategy to Identify Proteins that are Targeted by Latent Electrophiles as Exemplified by Aryl Fluorosulfates. *J. Am. Chem. Soc.* **2018**, *140*, 200–210.

6. (a) Freccero, M. Quinone Methides as Alkylating and Cross-Linking Agents. *Mini-Reviews Org. Chem.* **2004**, *1*, 403–415. (b) Wang, P.; Song, Y.; Zhang, L.; He, H.; Zhou, X. Quinone Methide Derivatives: Important Intermediates to DNA Alkylating and DNA Cross-Linking Actions. *Curr. Med. Chem.* **2005**, *12*, 2893–2913. (c) Van De Water, R. W.; Pettus, T. R. R. O-Quinones Methides: Interme-diates Underdeveloped and Underutilized in Organic Synthesis. *Tetrahedron* **2002**, *58*, 5367–5405. (d) McCracken, P. G.; Bolton, J. L.; Thatcher, G. R. J. Co-valent Modification of Proteins and Peptides by the Quinone Methide from 2-*tert*-Butyl-4,6-dimethylphenol: Selectivity and Reactivity with Respect to Com-petitive Hydration. *J. Org. Chem.* **1997**, *62*, 1820–1825. (e) Bolton, J. L.; Tur-nipseed, S. B.; Thompson, J. A. *Chem. Biol. Interact.* **1997**, *107*, 185–200.

7. Rokita, S. E. Quinone Methides; John Wiley & Sons, Inc.: Hoboken, New Jersey (2009), chapter 11, pp 357–383.

8. (a) Basarić, N.; Mlinarić-Majerski, K.; Kralj, M. Quinone Methides: Photochem-ical Generation and its Application in Biomedicine. *Curr. Org. Chem.* **2014**, *18*,

3–18. (b) Škalamera, D.; Mlinarić-Majerski, K.; Kleiner, I. M.; Kralj, M.; Oake, J.; Wan, P; Bohne, C; Basarić, N. Photochemical Formation of Anthracene Quinone Methide Derivatives. *J. Org. Chem.* 2017, *82*, 6006–6021. (c) Doria, F.; Lena, A.; Bargiggia, R.; Freccero, M. Conjugation, Substituent, and Solvent Effects on the Photogeneration of Quinone Methides. *J. Org. Chem.* 2016, *81*, 3665–3673. (d) Husak, A.; Noichl, B. P.; Ramljak, T. S.; Sohora, M.; Škalamera, D.; Budišab, N.; Basarić, N. Photochemical Formation of Quinone Methides From Peptides Containing Modified Tyrosine. *Org. Biomol. Chem.* 2016, *14*, 10894–10905. (e) Škalamera, D.; Bohne, C.; Landgraf, S., Basarić, N. Photodeamination Reaction Mechanism in Aminomethyl p-Cresol Derivatives: Different Reactivity of Amines and Ammonium Salts. *J. Org. Chem.* 2015, *80*, 10817–10828. (f) Percivalle, C.; La Rosa, A.; Verga, D.; Doria, F.; Mella, M.; Palumbo, M.; Di Antonio, M.; Freccero, M. Quinone Methide Generation via Photoinduced Electron Transfer. *J. Org. Chem.* 2011, *76*, 3096–3106. (g) Modica, E.; Zanaletti, R.; Freccero, M.; Mella, M. Alkylation of Amino Acids and Glutathione in Water by *O*-Quinone Methide. Reactivity and Selectivity. *J. Org. Chem.* 2001, *66*, 41–52. (h) Shi, Y; Wan, P. Charge Polarization in Photoexcited Alkoxy-Substituted Biphenyls: Formation of Biphenyl Quinone Methides. *Chem. Commun.* 1995, 1217–1218. (i) Basaric, N.; Cindro, N.; Bobinac, D.; Mlinaric-Majerski, K.; Uzelac, L.; Kraljb, M., Wan, P. Sterically Congested Quinone Methides in Photodehydration Reactions of 4-Hydroxybiphenyl Derivatives and

Investigation of Their Antiproliferative Activity. *Photochem. Photobiol. Sci.* 2011, *10*, 1910−1921.

9. (a) Jiang, J.; Zeng, D.; Li, S. Photogenerated Quinone Methides as Protein Affinity Labeling Reagents. *ChemBioChem* **2009**, *10*, 635−638. (b) Arumugam, S.; Guo, J.; Mbua, N. E.; Friscourt, F.; Lin, N.; Nekongo, E.; Boons, G.-J.; Popik V. V. Selective and Reversible Photochemical Derivatization of Cysteine Residues in Peptides and Proteins. *Chem. Sci.* **2014**, *5*, 1591−1598.

10. (a) Tingle, C. C.; Rother, J. A.; Dewhurst, C. F.; Lauer, S.; King, W. J. Fipronil: Environmental Fate, Ecotoxicology, and Human Health Concerns. *Rev. Environ. Contam. Toxicol.* **2003**, *176*, 1−66. (b) Nizamani, S. M.; Hollingworth, R. M. Fentrifanil: A Diarylamine Acaricide with Potent Mitochondrial Uncoupling Activity. *Biochem. Biophys. Res. Commun.* **1980**, *96*, 704−710.

11. Huff, J. Does Exposure to Bisphenol A Represent a Human Health Risk?. *Regul. Toxicol. Pharmacol.* **2003**, *37*, 407−408.

12. Wong, D. T.; Bymaster, F. P.; Engleman, E. A. Prozac (Fluoxetine, Lilly 110140), The First Selective Serotonin Uptake Inhibitor and An Antidepressant Drug: Twenty Years Since its First Publication. *Life Sci.* **1995**, *57*, 411−441.

13. Quistad, G. B.; Mulholland, K. M. Metabolism of P-Chlorobenzotrifluoride by Rats. *J. Agric. Food Chem.* **1983**, *31*, 585−589.

14. Kobayashi, Y.; Kumadaki, I. Reactions of Aromatic Trifluoromethyl Compounds with Nucleophilic Reagents. *Acc. Chem. Res.* **1978**, *11*, 197−204.

15. Engesser, H.; Cain, R. B.; Knackmuss, H. J. Bacterial Metabolism of Side Chain Fluorinated Aromatics: Cometabolism of 3-Trifluoromethyl(TFM)-Benzoate by *Pseudomonas putida* (Arvilla) mt-2 and *Rhodococcus rubropertinctus* N657. *Arch. Microbiol.* **1988**, *149*, 188−197.

16. (a) Caffieri, S.; Miolo, G.; Seraglia, R.; Dalzoppo, D.; Toma, F. M.; van Henegouwen, G. M. Photoaddition of Fluphenazine to Nucleophiles in Peptides and Proteins. Possible Cause of Immune Side Effects. *Chem. Res. Toxicol.* **2007**, *20*, 1470−1476. (b) Lam, M. W.; Young, C. J.; Mabury, S. A. Aqueous Photochemical Reaction Kinetics and Transformations of Fluoxetine. *Environ. Sci. Technol.* **2005**, *39*, 513−522. (c) Chaignon, P.; Cortial, S.; Guerineau, V.; Adeline, M.-Th.; Giannotti, C.; Fan, G.; Ouazzani, J. Photochemical Reactivity of Trifluoromethyl Aromatic Amines: The Example of 3,5-Diamino-Trifluoromethyl-Benzene (3,5-DABTF). *Photochem. Photobiol.* **2005**, *81*, 1539−1543. (d) Boscá, F.; Cuquerella, M. C.; Marín, M. L.; Miranda, M. A. Photochemistry of 2-Hydroxy-4-Trifluoromethylbenzoic Acid, Major Metabolite of The Photosensitizing Platelet Antiaggregant Drug Triflusal. *Photochem. Photobiol.* **2001**, *73*, 463−468. (e) Montanaro, S.; Lhiaubet-Vallet, V.; Jiménez, M. C.; Blanca, M.; Miranda, M. A. Photonucleophilic Addition of the Epsilon-Amino Group of Lysine to a Triflusal Metabolite as a Mechanistic Key to Photoallergy Mediated by the Parent Drug. *ChemMedChem.* **2009**, *4*, 1196−1202.

17. (a) Seiler, P.; Wirz, J. The Photohydrolysis of Eight Isomeric Trifluoromethyl-naphthols. *Tetrahedron Lett.* **1971**, *20*, 1683−1686. (b) Seiler, P.; Wirz, J. Struktur Und Photochemische Reaktivität: Photohydrolyse von Trifluormethylsubstituierten Phenolen und Naphtholen. *Helv. Chim. Acta* **1972**, *55*, 2693−2712. (c) Horspool, W.; Lenci, F. Handbook of Organic Chemistry and Photobiology 2nd Ed; CRC Press: Boca Raton (2004), Chapter 39, pp. 12.

18. (a) Wu, S. J.; Luo, H.; Wang, H. N.; Zhao, W. J.; Hu, Q. W.; Yang, Y. L. Cysteinome: The First Comprehensive Database for Proteins with Targetable Cysteine and Their Covalent Inhibitors. *Biochem. Biophys. Res. Commun.* **2016**, *478*, 1268–1273. (b) Jöst, C.; Nitsche, C.; Scholz, T.; Roux, L.; Klein, C. D. Promiscuity and Selectivity in Covalent Enzyme Inhibition: A Systematic Study of Electrophilic Fragments. *J. Med. Chem.* **2014**, *57*, 7590–7599. (c) Marino, S. M.; Gladyshev, V. N. *J. Mol. Biol.* **2010**, *404*, 902–916. (d) Wissner, A.; Overbeek, E.; Reich, M. F.; Floyd, M. B.; Johnson, B. D.; Mamuya, N.; Rosfjord, E. C.; Discafani, C.; Davis, R.; Shi, X. Q.; Rabindran, S. K.; Gruber, B. C.; Ye, F.; Hallett, W. A.; Nilakantan, R.; Shen, R.; Wang, Y. F.; Greenberger, L. M.; Tsou, H. R. Synthesis and Structure−Activity Relationships of 6,7-Disubstituted 4-Anilinoquinoline-3-carbonitriles. The Design of an Orally Active, Irreversible Inhibitor of the Tyrosine Kinase Activity of the Epidermal Growth Factor Receptor (EGFR) and the Human Epidermal Growth Factor Receptor-2 (HER-2). *J. Med. Chem.* **2003**, *46*, 49–63. (e) Knight, J. D.; Qian, B.; Baker, D.; Kothary, R.

Conservation, Variability and the Modeling of Active Protein Kinases. *PLoS One* **2007**, *2*, e982.

19. Pettinger, J.; Jones, K.; Cheeseman, M. D. Lysine-targeting Covalent Inhibitors. *Angew. Chem. Int. Ed.* **2017**, *56*, 15200–15209.

20. Nuin, E.; Pérez-Sala, D.; Lhiaubet-Vallet, V.; Andreu, I.; Miranda, M. A. Photosensitivity to Triflusal: Formation of a Photoadduct with Ubiquitin Demonstrated by Photophysical and Proteomic Techniques. *Front. Pharmacol.* **2016**, *7*, 277/1–277/8.

21. (a) Peters, T. Serum Albumin. *Adv. Prot. Chem.* **1985**, 37, 161–245. (b) Kragh-Hansen, U. Molecular Aspects of Ligand Binding to Serum Albumin. *Pharmacol. Rev.* **1981**, *33*, 17–53. (c) Vayá, I.; Lhiaubet-Vallet, V.; Jiménez, M. C.; Miranda, M. A. Photoactive Assemblies of Organic Compounds and Biomolecules: Drug-Protein Supramolecular Systems. *Chem. Soc. Rev.* **2014**, *43*, 4102–4122.

22. (a) Huang, C. Y. Determination of Binding Stoichiometry by The Continuous Variation Method: The Job Plot. *Methods Enzymol.* **1982**, *87*, 509-525. (b) Job, P. Formation and Stability of Inorganic Complexes in Solution. *Ann. Chim.* **1928**, *9*, 113–203.

23. Benesi, H. G.; Hildebrand, J. H. A Spectrophotometric Investigation of the Interaction of Iodine with Aromatic Hydrocarbons. *J. Am. Chem. Soc.* **1949**, *71*, 2703–2707.

24. (a) Ahmad, E.; Rabbani, G.; Zaidi, N.; Singh, S.; Rehan, M.; Khan, M. M.; Rahman, S. K.; Quadri, Z.; Shadab, M.; Ashraf M. T.; Subbarao, N. Stereo-Selectivity of Human Serum Albumin to Enantiomeric and Isoelectronic Pollutants Dissected by Spectroscopy, Calorimetry and Bioinformatics. *PLoS One,* **2011**, *6*, e26186. (b) Mao, H.; Hajduk, P. J.; Craig, R.; Bell, R.; Borre, T.; Fesik, S. W. Rational Design of Diflunisal Analogues with Reduced Affinity for Human Serum Albumin. *J. Am. Chem. Soc.* **2001**, *123*, 10429−10435. (c) Aureli, L.; Cruciani, G.; Cesta, M. C.; Anacardio, R.; De Simone, L.; Moriconi, A. Predicting Human Serum Albumin Affinity of Interleukin-8 (CXCL8) Inhibitors by 3D-QSPR Approach. *J. Med. Chem.* **2005**, *48*, 2469−2479.

25. *The Cambridge Crystallographic Data Centre,* http://www.ccdc.cam.ac.uk/solutions/csd-discovery/components/gold/ (accessed June 2018)

26. Ryan, A. J.; Chung, C. W.; Curry, S. Crystallographic Analysis Reveals The Structural Basis of The High-Affinity Binding of Iophenoxic Acid to Human Serum Albumin. *BMC Struct. Biol.* **2011**, *11*, 18.

27. Case, D. A.; Berryman, J. T.; Betz, R. M.; Cerutti, D. S.; Cheatham III, T. E.; Darden, T. A.; Duke, R. E.; Giese, T. J.; Gohlke, H.; Goetz, A. W.; Homeyer, N.; Izadi, S.; Janowski, P.; Kaus, J.; Kovalenko, A.; Lee, T. S.; LeGrand, S.; Li, P.; Luchko, T.; Luo, R.; Madej, B.; Merz, K. M.; Monard, G.; Needham, P.; Nguyen, H.; Nguyen, H. T.; Omelyan, I.; Onufriev, A.; Roe, D. R.; Roitberg, A.; Salo-

mon-Ferrer, R.; Simmerling, C. L.; Smith, W.; Swails, J.; Walker, R. C.; Wang, J.; Wolf, R. M.; Wu, X.; York, D. M.; Kollman, P. A. AMBER 2015, University of California, San Francisco, **2015**.

28. (a) Coderch, C.; Lence, E.; Peón, A.; Lamb, H.; Hawkins, A. R.; Gago, F.; González-Bello, C. Mechanistic Insight Into The Reaction Catalysed by Bacterial Type II Dehydroquinases. *Biochem. J.* **2014**, *458*, 547–557. (b) Lence, E.; van der Kamp, M. W.; González-Bello, C.; Mulholland, A. J. QM/MM Simulations Identify The Determinants of Catalytic Activity Differences Between Type II Dehydroquinase Enzymes. *Org. Biomol. Chem.* **2018**, *16*, 4443–4455.

29. Ghuman, J.; Zunszain, P. A.; Petitpas, I.; Bhattacharya, A. A.; Otagiri, M.; Curry, S. Structural Basis of The Drug-Binding Specificity of Human Serum Albumin. *J. Mol. Biol.* **2005**, *353*, 38–52.

30. (a) Stahly, G. P.; Bell, D. R. A New Method for Synthesis of Trifluoromethyl-Substituted Phenols and Anilines. *J. Org. Chem.* **1989**, *54*, 2873–2877. (b) Parrish, C. A.; Adams, N. D.; Auger, K. R.; Burgess, J. L.; Carson, J. D.; Chaudhari, A. M.; Copeland, R. A.; Diamond, M. A.; Donatelli, C. A.; Duffy, K. J.; Faucette, L. F.; Finer, J. T.; Huffman, W. F.; Hugger, E. D.; Jackson, J. R.; Knight, S. D.; Luo, L.; Moore, M. L.; Newlander, K. A.; Ridgers, L. H.; Sakowicz, R.; Shaw, A. N.; Sung, C. M.; Sutton, D.; Wood, K. W.; Zhang, S. Y.; Zimmerman, M. N.; Dhanak, D. Novel ATP-Competitive Kinesin Spindle Protein Inhibitors. *J. Med. Chem.* **2007**, *50*, 4939–4952.

31.Frisch, M. J.; Trucks, G. W.; Schlegel, H. B.; Scuseria, G. E.; Robb, M. A.; Cheeseman, J. R.; Scalmani, G.; Barone, V.; Mennucci, B.; Petersson, G. A.; Nakatsuji, H.; Caricato, M.; Li, X.; Hratchian, H. P.; Izmaylov, A. F.; Bloino, J.; Zheng, G.; Sonnenberg, J. L.; Hada, M.; Ehara, M.; Toyota, K.; Fukuda, R.; Hasegawa, J.; Ishida, M.; Nakajima, T.; Honda, Y.; Kitao, O.; Nakai, H.; Vreven, T.; Montgomery, Jr. J. A.; Peralta, J. E.; Ogliaro, F.; Bearpark, M.; Heyd, J. J.; Brothers, E.; Kudin, K. N.; Staroverov, V. N.; Kobayashi, R.; Normand, J.; Raghavachari, K.; Rendell, A.; Burant, J. C.; Iyengar, S. S.; Tomasi, J.; Cossi, M.; Rega, N.; Millam, J. M.; Klene, M.; Knox, J. E.; Cross, J. B.; Bakken, V.; Adamo, C.; Jaramillo, J.; Gomperts, R.; Stratmann, R. E.; Yazyev, O.; Austin, A. J.; Cammi, R.; Pomelli, C.; Ochterski, J. W.; Martin, R. L.; Morokuma, K.; Zakrzewski, V. G.; Voth, G. A.; Salvador, P.; Dannenberg, J. J.; Dapprich, S.; Daniels, A. D.; Farkas, Ö.; Foresman, J. B.; Ortiz, J. V.; Cioslowski, J.; Fox, D. J. Revision D.01, Gaussian, Inc., Wallingford CT, **2009**.

32.(a) Vanquelef, E.; Simon, S.; Marquant, G.; Garcia, E.; Klimerak, G.; Delepine, J. C.; Cieplak, P.; Dupradeau, F.-Y. R.E.D. Server: A Web Service for Deriving RESP and ESP Charges and Building Force Field Libraries for New Molecules and Molecular Fragment. *Nucleic Acids Res.* **2011**, *39*, W511−W517. (b) http://upjv.q4md-forcefieldtools.org/RED/ (accessed December 1, 2017). (c) Dupradeau, F.-Y.; Pigache, A.; Zaffran, T.; Savineau, C.; Lelong, R.; Grivel, N.; Lelong, D.; Rosanski, W.; Cieplak, P. The R.E.D. Tools: Advances in RESP and

ESP Charge Derivation and Force Field Library Building. *Phys. Chem. Chem. Phys.* **2010**, *12*, 7821−7839.

33. Cornell, W. D.; Cieplak, P.; Bayly, C. I.; Gould, I. R.; Merz, K. M.; Ferguson, D. M.; Spellmeyer, D. C.; Fox, T.; Caldwell, J. W.; Kollman, P. A. A Second Generation Force Field for the Simulation of Proteins, Nucleic Acids, and Organic Molecules. *J. Am. Chem. Soc.* **1995**, *117*, 5179−5197.

34. Case, D. A.; Cheatham, T. E.; Darden, T.; Gohlke, H., Luo, R.; Merz, K. M.; Onufriev, O.; Simmerling, C.; Wang, B.; Woods, R. J. The Amber Biomolecular Simulation Programs. *J. Comput. Chem.* **2005**, *26*, 1668–1688.

35. (a) Wang, J.; Wolf, R. M.; Caldwell, J. W.; Kollman, P. A.; Case, D. A. Development and Testing of a General Amber Force Field. *J. Comp. Chem.* **2004**, *25*, 1157–1174. (b) Wang, J.; Wang, W.; Kollman, P. A.; Case, D. A. Automatic Atom Type and Bond Type Perception in Molecular Mechanical Calculations. *J. Mol. Graphics Modell.* **2006**, *25*, 247–260.

36. (a) Gordon, J. C.; Myers, J. B.; Folta, T.; Shoja, V.; Heath, L. S.; Onufriev, A. H++: A Server for Estimating pKas and Adding Missing Hydrogens to Macromolecules. *Nucleic Acids Res.* **2005**, *33* (Web Server issue):W368. (b) http://biophysics.cs.vt.edu/H++.

37. Maier, J. A.; Martinez, C.; Kasavajhala, K.; Wickstrom, L.; Hauser, K. E.; Simmerling, C. Ff14sb: Improving the Accuracy of Protein Side Chain and Backbone Parameters from Ff99sb. *J. Chem. Theory Comput.* **2015**, *11*, 3696–3713.

38. Goetz, A. W.; Williamson, M. J.; Xu, D.; Poole, D.; Le Grand, S.; Walker, R. C. Routine Microsecond Molecular Dynamics Simulations with AMBER on GPUs. 1. Generalized Born. *J. Chem. Theory Comput.* 2012, *8*, 1542–1555.

39. Salomon-Ferrer, R.; Goetz, A. W.; Poole, D.; Le Grand, S.; Walker, R. C. Routine Microsecond Molecular Dynamics Simulations with AMBER on GPUs. 2. Explicit Solvent Particle Mesh Ewald. *J. Chem. Theory Comput.* **2013**, *9*, 3878–3888.

40. Le Grand, S.; Goetz, A. W.; Walker, R. C. SPFP: Speed Without Compromise−A Mixed Precision Model For GPU Accelerated Molecular Dynamics Simulations. *Comp. Phys. Comm.* **2013**, *184*, 374–380.

41. Darden, T. A.; York, D.; Pedersen, L. G. Particle Mesh Ewald: An Nlog(N) Method For Ewald Sums In Large Systems. *J. Chem. Phys.* **1993**, *98*, 10089–10092.

42. Ryckaert, J.-P.; Ciccotti, G.; Berendsen, H. J. C. Numerical Integration of the Cartesian Equations of Motion of a System with Constraints: Molecular Dynamics of *n*-Alkanes. *J. Comput. Phys.* **1977**, *23*, 327–341.

43. DeLano, W. L. The PyMOL Molecular Graphics System. (2008) DeLano Scientific LLC, Palo Alto, CA, USA. http://www.pymol.org/ Roe, D. R.; Cheatham, T. E. PTRAJ and CPPTRAJ: Software for Processing and Analysis of Molecular Dynamics Trajectory Data. *J. Chem. Theory Comput.* **2013**, *9*, 3084–3095.

Capítulo 6
Conclusiones

De la presente tesis doctoral que evalúa la unión irreversible de ligandos a albúminas séricas se pueden extraer las siguientes conclusiones:

1) Se ha empleado una estrategia multidisciplinar que ha proporcionado información estructural de la región interna de las albúminas séricas. Para ello, se han combinado estudios fotofísicos, análisis de proteómica y cálculos computacionales.

2) El empleo del CPF como sonda fotoactiva permitió demostrar un centro de reconocimiento común en albúminas séricas de distintas especies, obteniendo las cavidades en los que este compuesto se unía con mayor preferencia en las albúminas, así como los sitios de unión.

3) Se ha demostrado con esta metodología que el metabolito del profármaco Triflusal, el HTB, se unía fotoquímicamente a 8 residuos de lisina siendo 7 de ellas externas mientras que una de ellas (Lys199) estaba localizada en el sitio "V-cleft" de la albúmina sérica humana. Gracias a los cálculos computacionales se ha identificado a nivel atómico los dominios de unión del HTB a la albúmina sérica humana y se ha demostrado el mecanismo de la modificación covalente por la irradiación.

4) Finalmente, se han utilizado intermedios tipo "quinone methide", fotogenerados por derivados de trifluorofenoles, que actúan como electrófilos latentes para modificar selectivamente los residuos de lisina en la albúmina sérica humana.

En particular, el derivado **1** modificaba los residuos Lys 106 y Lys 414 mientras que el derivado **2** modificaba la Lys 195. La modelización dinámica molecular ha proporcionado una visión más detallada de los subdominios de la albúmina sérica humana donde se localizan los derivados **1** y **2** así como del mecanismo de la modificación covalente.

www.ingramcontent.com/pod-product-compliance
Lightning Source LLC
LaVergne TN
LVHW040010200726
843493LV00005B/1206